排版技术

Typesetting Technology

翟 铭 编著

印刷工业出版社

内容提要

《当代排版技术概论》是本书作者在十多年前编写的一本排版技术方面的教材，其特点就是将排版中与人的阅读习惯有关的内容提炼出来，尽量与设备无关，这正是十多年来该书不断再版的原因。本书是在《当代排版技术概论》的基础上进一步提炼更新的成果。

本书讲述了排版发展史；教授了人们如何识别中英文字体；研讨了字体的度量单位；图文并茂地系统讲解了排版基础知识及排版规则。这又将是一本可以伴随读者使用十年的排版专业教材及工具书。

本书将是一本对印刷、出版专业本科、高职学生十分适合的教材；也将是一本对排版人员和出版社编辑、校对人员适用的工具书；还将是一本美工设计人员的参考书。

图书在版编目（CIP）数据

排版技术／翟铭编著．—北京：印刷工业出版社，2006.9（2013.3重印）
ISBN 978-7-80000-567-1

Ⅰ.排...　Ⅱ.翟...　Ⅲ.排版　Ⅳ.TS812

中国版本图书馆CIP数据核字（2006）第085482号

排版技术

编　　著：翟　铭

责任编辑：魏　欣　　　　责任校对：郭　平
责任印制：张利君　　　　责任设计：张　羽
出版发行：印刷工业出版社（北京市翠微路2号 邮编：100036）
网　　址：www.keyin.cn　　pprint.keyin.cn
网　　店：//pprint.taobao.com
经　　销：各地新华书店
排　　版：北京中文天地文化艺术有限公司
印　　刷：河北省高碑店市鑫宏源印刷包装有限公司

开　　本：787mm×1092mm　1/16
字　　数：200千字
印　　张：11.25
印　　数：5001～5400
印　　次：2006年9月第1版　2013年3月第2次印刷
定　　价：27.00元
ISBN：978-7-80000-567-1

◆ 如发现印装质量问题请与我社发行部联系　直销电话：010-88275811

前　言

纵观当今排版专著，大致可分为三类。第一类为排版软件及应用指南，第二类为排版专业人员考试用书，第三类为普及性排版入门。基本要点都是“怎么做”，缺乏“做什么”，好比学习几大菜系，全是烹饪过程，缺乏各菜系特色原料及规范。本书力图提供给专业排版人员丰富的基础知识、排版元素、排版规范和排版技术。

排版类图书的一大弊病在于只关注软件的应用和知识点。本书力图成为实用性最强的排版手册，使不太精通软件的普通编辑和设计人员，能够凭借此书确定他们希望得到的字体、字号、版式风格，并根据各项国家标准和国际标准，规范自己的各项内容的表达。

本书是笔者二十多年在北京印刷学院排版教学和实践经验的总结，是笔者参与了上千种图书排版设计后的思考。

此书在《当代排版技术概论》的基础上，作了许多重大修改。

一、增加了近年来排版界新出现的各种专业排版软件、排版模式和排版流程的介绍。如 Word、PageMaker、InDesign、方正飞腾。

二、注重专业名词的规范解释，以便学习者掌握扎实的基本功，尽可能配英文词汇，这样做，可以更好地和国际对接，在实践中便于沟通交流。

三、注重各项排版体例的国家标准和国际标准。从版面开本、字体、字号的应用到各种科技符号及外文符号的规范，再到排版中版权页及注释体例，严格按照标准比较全面地列出排版规范。对专业排版人员而言，十分实用。

四、注重基础知识的全面系统地介绍，注重对排版基本元素——汉字的介绍和应用。注重对中文中日益增多的英文字符和外文字符的规范及系统进行介绍及应用。

五、本书注重系统化和实用性。根据笔者二十多年的研究，将汉字字体和英文字体根据风格和统一的思路进行归类，将千差万别的各种字体分类后进行辨识，便于掌握，更利于在实践中迅速调出所需的字体。

六、注重传统文化和美学素养的渗透。作为排版从业人员，将内容简单地码放在版面上并不难，难的是根据具体的内容确立一种风格，再将这种风格落实在版面上。本书在规范及变化基础上，推崇一种版面的美学品格。希望在掌握排版时更体会到文化的力量。

目　　录

1 排版发展史

2 印刷字体

3 英文印刷字体

4 印刷字体的度量

5 排版基础知识

6 排版规范

1 排版发展史

1.1 古代排版技术——手工排版

1.1.1 雕版印刷

印刷术是中国的四大发明之一。古代印刷术主要指雕版印刷和活字印刷两种。比较权威的观点是成熟的雕版印刷最早产生于唐代（公元 636 年），今天在扬州的广陵书社，我们依旧能看见这种唐中期以来在扬州一直沿用的雕版印刷全过程：写样、雕版、刷印、经叠书、撞书、齐栏、数书、包角、扣面、打眼、穿线等 37 道工序。先刻出木“版”，再“刷”墨，翻“印”于纸上。也许，称出版印刷为出版刷印更合理一些。雕版印刷的出现开创了印刷排版术的先河，解决了大量手抄过程中的费时、费事以及错漏问题，大大促进了文化的传播。自此一千多年间，雕版印刷主宰着中国的印刷史，我们所见的古书基本都是采用雕版印刷印成的。

公元 704 ~ 751 年印制的《无垢净光大陀罗尼经》是现存最早的印刷品。

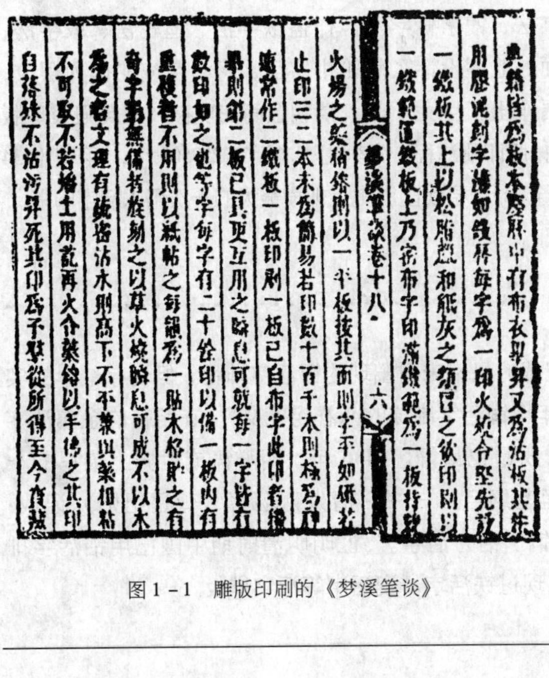

典籍皆爲板本慶曆中有布衣畢昇又爲活板其法
用膠泥刻字薄如錢唇每字爲一印火燒令堅先設
一鐵板其上以松脂臘和紙灰之類冒之欲印則以
一鐵範置鐵板上乃密布字印滿鐵範爲一板持就
夢溪筆談卷十八
六
火煬之藥稍鎔則以一平板按其面則字平如砥若
止印三二本未爲簡易若印數十百千本則極爲神
速常作二鐵板一板印刷一板已自布字此印者纔
畢則第二板已具更互用之瞬息可就每一字皆有
數印如之也等字每字有二十餘印以備一板內有
重複者不用則以紙帖之每韻爲一帖木格貯之有
奇字素無備者旋刻之以草火燒瞬息可成不以木
爲之者文理有疏密沾水則高下不平兼與藥相粘
不可取不若燔土用訖再火令藥鎔以手拂之其印
自落殊不沾汚昇死其印爲予群從所得至今保藏

图 1－1　雕版印刷的《梦溪笔谈》

1.1.2 泥活字排版

普通人提到印刷术，通常以为代表人物就是毕昇。其实毕昇只是活字印刷中记载最早的泥活字印刷的代表人物。

北宋（约公元1041—1048）年间，沈括在他钱塘老家见到工匠毕昇用胶泥切成小块，刻字后烧硬成一个个活字上版印刷的事，记入了《梦溪笔谈》。但该书并没记载印刷了什么书，由于泥活字缺乏考古支持，国内外学者一度怀疑中国活字印刷的领先地位。直到1989年，甘肃武威出土了西夏文印本《维摩诘所说经》，这个中国最早的泥活字印本证明了西夏中期即12世纪中叶泥活字的应用。

图1－2　笔者先祖翟金生制作的泥活字

20世纪50年代以来，学术界还先后发现了清代江苏李瑶（1790—1855）、安徽翟金生（1775—1860?）两家仿毕昇之法自制泥活字所印之书。翟金生自制泥活字十多万个，字号分大、中、小、次小、最小五种。李氏所印清温睿临《南疆绎史勘本》、自著《校补金石例四种》及翟氏《泥版试印初编》、《水东翟氏家谱》等印本成为泥活字传承的有力佐证。

1.1.3 木活字排版

1298年，旌德县尹王帧纂修的《旌德县志》成为全世界第一部用木活字印刷的书籍。他还将自己的木活字版工艺详细写成《造活字印书法》一文，并附于其所著《农书》中。这是历史上最早全面论述木活字版工艺的著作。内容涉及写韵刻字法、锼字修字法、作盔嵌字法、造轮法、取字法、作盔安字刷印法六个方面。他还设计了转轮排字盘，将活字按韵排列摆放，对木活字排版技术的发展作出了巨大贡献。清朝金简在现存《武英殿聚珍版程式》一书中详细记载了排版印刷过程。先刻出枣木活字253500个，再印出134种、2389卷的全套《四库全书》，是我国历史上规模最大的一次用木活字印书。

1.1.4 金属活字排版

金属活字排版最早记载的是南宋时出现的锡活字排版。但现存最早的实物是朝鲜在1234～1241年用铜活字制成的《祥定礼文》。在所有的金属活字中，铜活字使用最广泛，质量也最好。1436年，朝鲜铸成世界上最早的一副铅活字，并排印过《通鉴纲目》一书。清人魏菘著《壹是纪始》记载：“活版始于宋……今又用铜、铅为活字。”证明明清时期中国已用铅活字排版。据记载，历史上还出现过铁活字、瓷活字等活字排版。

1.2 现代排版技术——机械排版

1.2.1 铅字合金活字排版

谷腾堡被称为现代印刷之父的原因是实现了排版由手工到机械的巨大变革（1445年）。铅排虽然不是谷腾堡最早发明的，但他发明了用于熔铅铸字的字模，一改过去每个活字都需要人工雕刻的手工方法，变成可以用铸字机大规模熔铅铸字的机械化操作手段。为了便于熔铅铸字和增加耐磨性，他还在铅中加入了一定比例的锑和锡，使得铸字时的熔点降低，工作效率大大提高。同时，他发明的油性油墨和印刷机，更使印刷的速度大幅度提高。铅字合金排版书写了欧洲现代印刷几百年的历史。

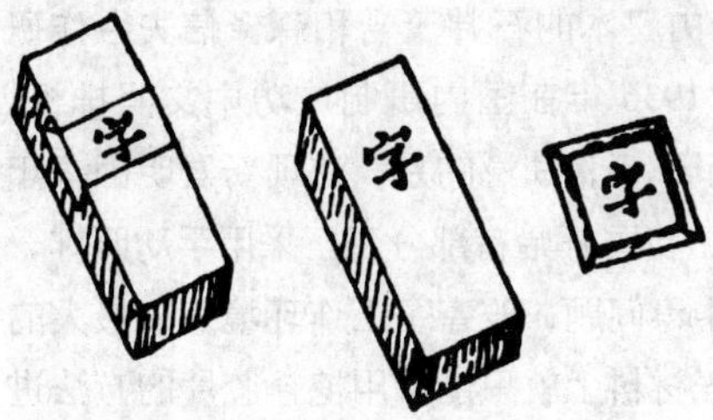

图1-3　字　模

1815年，英国伦敦传教士马礼逊在澳门出版印刷六卷本《华英字典》的第一部《字典》，是西方人用中文铅排印刷的第一本书。之后，铅排大兴于世，直到20世纪90年代才逐渐退出历史舞台。

1.2.2 机械排版机

机械排版机是一种用机械代替手工拣铅字的机器。1886年它发明于英国莱诺（Linotype）公司。这种机器减少了人与铅字接触的机会，部分解决了铅中毒的问题。由于中文字数太多，中文机械排版机除几台实验样机外，几乎没有在国内使用。

铸字机分为单字铸字机和条行铸排机两种类型。

条行铸排机是将一行文字铸排成整体的行条，它的原理是通过操纵键盘，排齐一行文字的字模后，一次性浇铸出一个行条，在这一行中文字是一体的。这种机器只适合于铸排西文。

单字铸字机是铸成单个活字排成毛条。它除了能铸排西文外，也能铸排汉字。

日本从1920年即已开始研制汉字铸排机，由于汉字繁多而遇到一些难以处理的问题，直到20世纪40年代日本进行文字改革，将当用汉字限制在1850字（另有人名地名汉字92字），汉字铸排机的生产使用才逐步扩大。我国于1968年开始研制铸排机，1975年上海新华印刷厂研制的自动铸排机初步鉴定试用，但使用并不广泛。

机械铸排机不需存储大量活字，效率比手工高，劳动强度有所降低，但不能摆脱铅作业，依然有污染，只能排毛条，不能排复杂版面。

1.2.3 手动照排机

照相术发明以后，给古老的印刷业带来了生机。照相制版技术随之发展起来。1896 年，匈牙利的 Engenporzsolt 研制成功第一台西文手动照排机。其基本原理是先将文字拍成阴图底片，按一定规律排列贴在玻璃片上制成透明字模版（见图 1－4）。排字时，将字模版上选中的文字对准镜头拍摄，然后底片移动一个字的距离，再移动字模版拍摄下一个文字，一行排完后，感光材料滚筒转动一个角度实现移行成面（见图 1－5）。由此即可将一个个文字拍摄到相纸或胶片上，经显影处理即可得到一张阳图书稿，再经拷贝、晒版就可采用胶印的方法印刷了。

第一台汉字手动照排机是 1925 年由日本的石井茂吉和森泽信夫合作研制的。我国柳溥庆、陈宏阁二人曾于 1936 年在国内研制成功中文照排机，这与当时工业先进的日本相比，仅晚了十年，遗憾的是，这项新发明因多年战乱而未能推广使用。1960 ~ 1980 年，我国开始有部分工厂采用手动照排。

相比铅排，手动照排机解决了铅中毒问题，改善了工作环境。它最大的问题是改版困难，文字一经拍摄到感光材料上就只能采用挖补胶片的方法进行修改，质量很难保证。1990 年以后，随着激光照排的发展，手动照排退出了历史的舞台。

图 1－4　手动照排机字模版

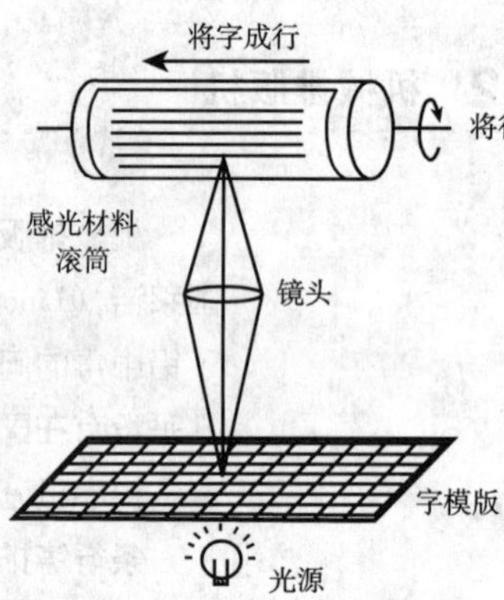

图 1－5　手动照排机

1.2.4 光学机械式照排机

光学机械式照排机发明于 1945 年，它是用机械选字照排的照排机，通常是指利用键盘作为文字的输入设备，文字信息被译成代码存储在穿孔纸带等存储介质上，由纸带去控制光学机械式照排机自动完成照排工作。它弥补了手动照排机改版困难、工作效率低的不足。用纸带记录信息在当今看来是不可想象的，实际上早期的计算机就是用这样的方式记录数据的。由于汉字数量繁多，我国几乎没有使用过这一代的照排机。

1.3 计算机排版技术

1.3.1 CRT 照排机

1965 年，德国 HELL 公司发明了一种新型的照排机，类似于照相机拍摄电视屏幕上的文字来实现排版，它就是 CRT（阴极射线管）照排机。起初采用飞点扫描的方式将字模版上的文字图像变成电信号打在 CRT 上，以实现在感光材料上的曝光，不久便发明了用数字化字模存储汉字点阵的技术，就是将文字图像变化成 0、1 组成的数字化点阵存储在计算机中。照排时，计算机根据所要照排的汉字到数字化字库提取相应的字模进行照排，由此实现了排版从机械到计算机的飞跃。

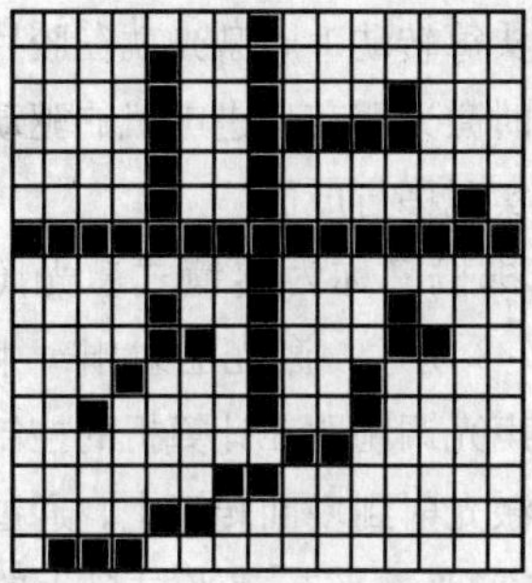

图 1－6　16×16 数字化点阵

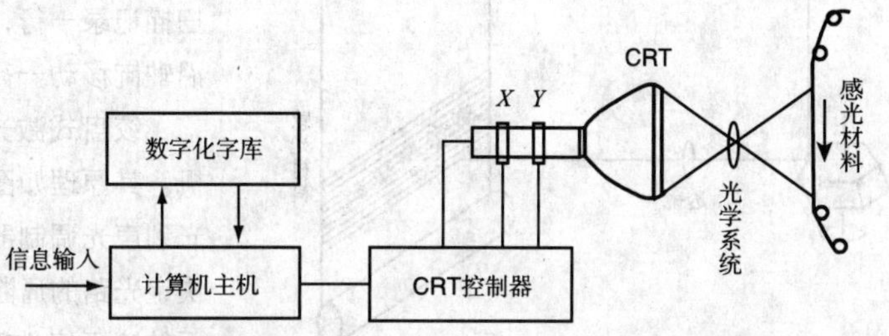

图 1－7　CRT 照排机

1.3.2 激光照排

CRT 光线较弱，拍摄时对感光材料要求很高。1974 年，英国发明了用激光扫描的方法进行照排的机器，称为激光照排机。1978 年，英国与中国印刷科学技术研究所合作开发了一套用于汉字照排的激光照排机，称为蒙纳（MONO）激光照排机。其后，排版软件不断改进，1987 年，他们推出了科印排版系统，达到了发展的最高峰，后因种种原因被其他排版系统取代。1978 年，几乎与蒙纳排版系统进入中国的同时，北京大学、山东潍坊计算机厂等单位合作研制出了一套全国产化的激光照排系统，称为华光照排系统。20 世纪 90 年代初已相当成熟，其后分离为北大方正排版系统和华光（潍坊）排版系统。经历 20 年的发展，方正排版系统已遍布中国，几乎 90% 以上的书刊印刷品都是采用方正排版系统进行排版。王选是方正排版系统的发明人之一，在方正排版系统的开发研制中起到了非常巨大的作用。

20 世纪 90 年代，激光照排由封闭的系统逐渐转化为一种高精密的打印输出设备，无论什么排版软件排版的内容都可以在其他的激光照排机上输出胶片，甚至可以在直接制版设备（CTP）上直接输出印版。激光照排机已经无法区分汉字照排机和英文照排机。全球著名照排机生产厂商有 Agfa、富士、海德堡等，国内则有杭州照排机厂等。

激光照排机通常分为以下三种结构类型：外鼓式、绞盘式和内鼓式。外鼓式照排机的工作原理与电分机的工作原理相类似，记录胶片附在滚筒外面转动一圈就记录一行，同时激光头横移一行，记录下一行。这种照排机的特点是记录精度和套准精度都较高，结构简单，适合大幅面照排。缺点是需要手工上、卸胶片，工作效率较低，目前较少采用。

内鼓式照排机是目前高档照排机采用最多的一种类型。这种结构具有记录精度高、幅面大、自动化程度高、操作简便等特点。这种照排机的工作方式是记录胶片放在滚筒的里面，滚筒和胶片不动而由激光光束扫描记录。激光器位于滚筒的圆心轴上，激光器可以绕圆心轴转动，激光头每转动 1 周激光就在胶片上扫描记录一行，同时激光器在步进电机的驱动下沿轴向移动一行，实现移行成面。

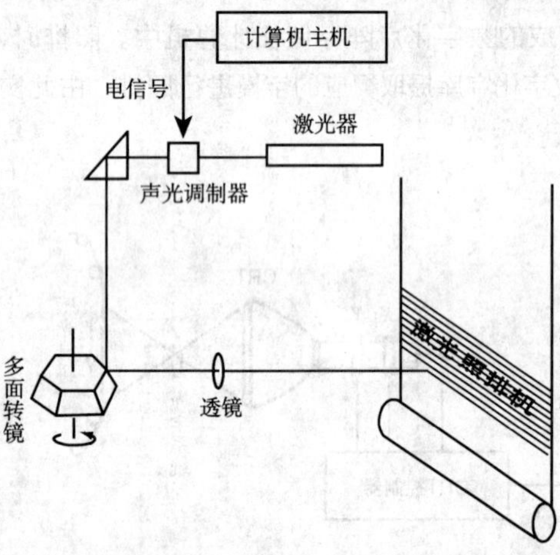

图 1－8　激光照排机原理图

绞盘式激光照排机又称为转镜式激光照排机。其原理如图 1－8 所示，激光器射出一束激光到声光调制器，声光调制器在计算机的控制下决定光路的通断，激光射到多面转镜上，通过多面转镜不停地旋转实现激光在感光材料上的扫描，通过感光材料的移动实现移行成面。

1.3.3 CTP

计算机直接制版 CTP（Computer to Plate）出现于 20 世纪 80 年代。它是将计算机排版的版面图文信息经数字化处理后，不经过出胶片直接输出到印版上的设备。CTcP（Computer to Conventional Plate）也是一种 CTP 直接制版设备，它是在传统版材上进行直接制版的设备。虽然设备价格较高，但使用的版材价格比 CTP 版材价格低很多。

CTP 系统采用的原理与激光照排机相近，分成内鼓式、外鼓式、平台式、曲线式四大类。在这四种类型中，使用得最多的是内鼓式和外鼓式；平台式主要用于报纸等大幅面版材上；曲线式使用得很少。无论平台式、外鼓式还是内鼓式设备，均采用计算机控制激光束扫描曝光成像，然后通过显影、定影等工序制成印版。

CTP 的优点是：省略了出胶片这道工序，节省了胶片的费用，缩短了生产周期，尤其对报社来说，可延迟截稿发印时间；由于少了一道由胶片到印版的晒版过程，提高了图文复制质量；便于实现从印前到印刷及印后的全数字化工作流程。

1.4 排版软件

计算机排版软件（Phototype Setting Software）——供计算机排版使用的文字代码、排版规格、排版程序、操作指令以及上述内容载体的总称。

排版软件可分为批处理、交互式、交互式与批处理相结合三种方式。批处理方式使用在正文中加排版命令的方式排版，优点是高效精确，缺点是不易学习和使用；交互式即通常所说的“所见即所得”，直观方便，但效率较低，有些系统不够精确。

1.4.1 Adobe InDesign

InDesign 是一个比 PageMaker 更加先进的专业排版软件，可以用于组排报纸、画册、杂志、专业广告、海报、ebook 等。它允许第三方进行二次开发扩充加入功能，Adobe 与高术集团、启旋科技合作共同开发了中文 InDesign，全面扩展了 InDesign 适应中文排版习惯的要求。

图 1－9　InDesign

InDesign 中整个文字块可用“缩放键”来缩放（其中文字也相应放大和缩小）；文字在间距控制上更自由，InDesign 的文字字距可简单的通过设定任意的数值来调整；文字块的矩形外框可自由改变形状，如果在排版时需要文字块的形状特殊一些，除了可以选用预设的几种圆角、倒角矩形外，还可以用“直接选择工具”和“贝塞尔（Bezier）工具”在矩形文字块的基础上再进行更富创意的形状变化；它也拥有像绘图软件中才有的沿线排版这一功能，只要用“贝塞尔（Bezier）工具”画出曲线，就可轻易实现沿曲线排列文字；文字块中的文字可转图形，在输出时若知输出中心无相应的

TrueType 字或 PS 字，可以把它的文字转图形，以防出现缺字乱码的情况；InDesign 可对图像进行羽化、阴影和透明，以往必须到 Photoshop 中才能实现；它借鉴了 Photoshop 的“吸管工具”，可以迅速查看和复制颜色；它的“贝塞尔工具”和“自由笔”绘图功能与 CorelDRAW 等绘图软件不相上下，省去了用另外软件绘图的麻烦；当操作员连续操作失误的时候，InDesign 可以多次 UNDO 和 REDO。而 PageMaker 只能有一次，有的操作连一次都没有。

InDesign 对 PDF 有广泛的支持，可以直接存储 PDF 格式，而不需要通过 Acrobat Distiller 进行转换；它支持 XML，可以实现排版内容与数据库的对接，可以建立各种索引，以便进行内容的数据分析和查询，特别适用于百科类图书、名录类图书的排版；InDesign 支持 OpenType（一种可扩展的字体格式）和 Unicode（国际通用的字符编码标准），允许使用超大字符集；支持跨平台应用。

1.4.2 方正飞腾

北大方正的创始人是被称为当代毕昇的王选，北大方正排版软件经历了二十多年的发展，在中国的排版业早已成为主流的排版软件。

方正飞腾（见图 1－10）是由北大方正开发的用于报纸和杂志排版的软件，它继承了方正维思（以前运行在 win3. x 下的版本）的所有优点，采用交互式的排版方式，所见即所得，同时具备处理图形、图像的强大能力，并具备了强大的版式设计功能，有出色的字体设计功能。文字和图片定位精确、便捷；表格功能丰富；有大量底纹和花边，页面管理快捷；沿线排版方便。但此软件兼容性差，飞腾和书版的输出文件只有方正自己的 RIP 才能够输出。因为生成的 PS 文件不标准，大多数激光 PS 打印机无法输出，与主流图像图形软件的兼容性不强，PDF 插件、拼音插件和棋牌插件等价格昂贵。

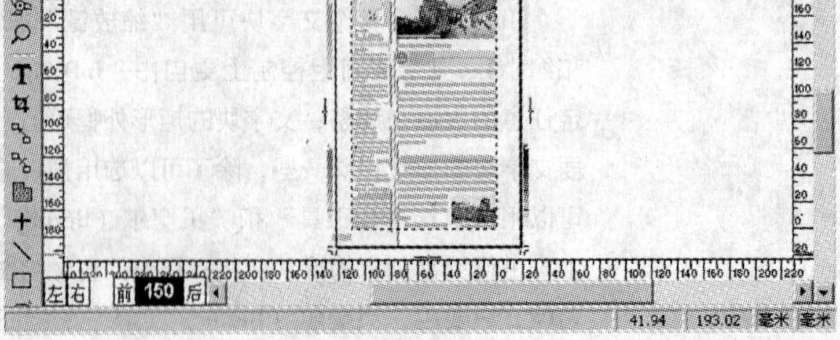

图 1－10 方正飞腾

1.4.3 方正书版

方正书版软件诞生于 20 世纪 70 年代，采用批处理排版方式，用排版语言来描述版面。例如：要排版一行在版面内居中的文字，则可以编辑一个小样文件，其内容如图 1－11 所示。

[JZ] 表示本行的内容在版面内居中（JZ），[HT2K] 表明以下的汉字字体（HT）将排成 2 号楷体（K），[HT1F] 表明以下的汉字字体（HT）将排成 1 号仿宋体（F），[HT3H] 表明以下的汉字字体（HT）将排成 3 号黑体（H），编辑的时候用户看不到排版的结果，当内容和排版语言全部打完以后，经过两次扫描处理，排版大样结果才能显示到屏幕上，如图 1－12 所示。

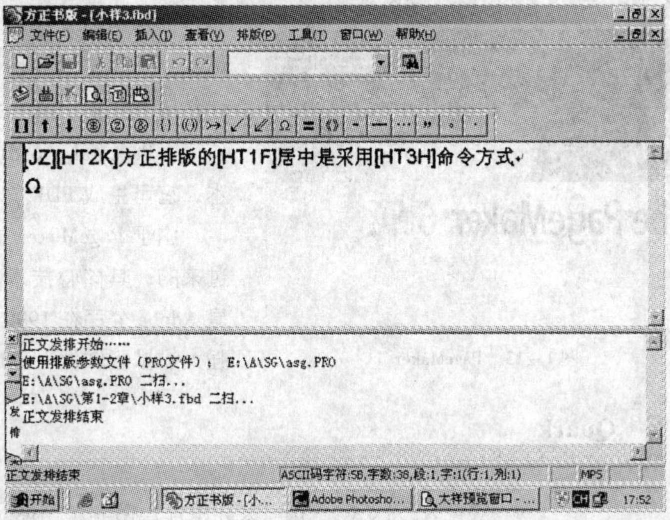

图 1－11　方正小样文件

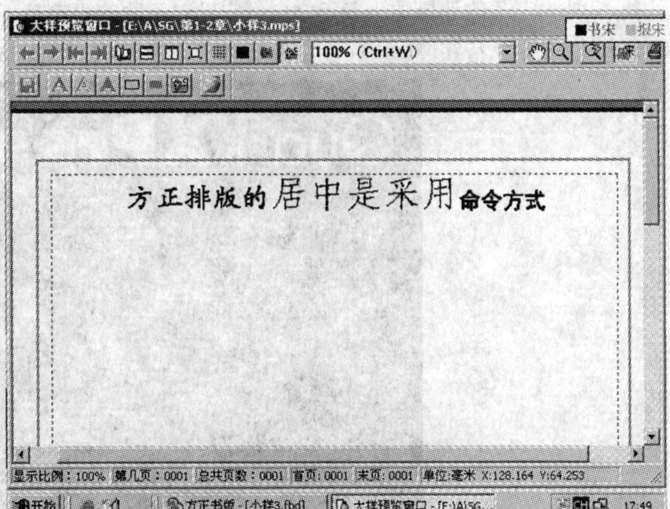

图 1－12　方正大样显示结果

方正书版具有强大的文字处理功能，排版速度快捷，专业操作员排版工作效率很高，特别适用于版式比较简单，规范的图书、辞书、典籍、科技类和文艺类等图书的编辑排版。缺点是主要靠排版命令操作，不能做到所见即所得，非专业操作员很难掌握。各出版社目前基本采用方正系统进行排版。

1.4.4 Adobe PageMaker

PageMaker 是一个以交互式的方式进行排版的专业排版软件，它简单易学，排版功能强大，提供了很多的模版、图形、图片以供使用。它有非常好的稳定性，可以用于排报纸、杂志等复杂版面，由于它设计了很多快捷方式，专业操作员在排版的时候如果大量采用快捷方式，排版速度可以与批处理式排版相比拟。这个软件在国内 Mac 机上使用十分广泛。PageMaker 6.5C 是 PageMaker 中文版的最高版本，它可生成 PDF 文件，用于电子出版。

图 1－13　PageMaker

由于 PageMaker 是 Adobe 公司从 Aldus 公司继承过来的，其核心技术相对陈旧，存在许多缺点，于是 Adobe 公司在 1999 年 9 月 1 日发布了一个功能更强大的排版软件——InDesign。

1.4.5 Quark

QuarkXPress 是一个在国外使用非常广泛的综合专业排版软件。

它是 Quark 公司在 1987 年推出的，在国外高端排版领域中占据了领先的地位达十多年之久。它针对不同的语言有不同的版本，较早的版本主要运行在 Mac 机上，从 4.0 以后增加了 Windows 版本，目前已升级为

图 1－14　QuarkXPress

QuarkXPress 6.0。

它功能全面，可以完成各种简单及复杂的排版任务。QuarkXPress 将专业排版、设计、彩色和图形处理功能、文字处理及复杂的印前作业功能集于一身。它可以通过各种第三方的 Extension 扩展插件实现更为强大的功能。

Quark 在国内使用并不广泛，Quark 公司在中文版的 QuarkXPress 新产品开发上也不十分积极。

1.4.6 Microsoft

Microsoft 的 Word 几乎人人都会使用，它使作者和编辑使用十分方便，它的方便易学有目共睹，但在工作作风严谨的科技工作者和专业排版人员口中，它的不稳定性着实让人头痛。

Microsoft 还有一个供专业排版人员使用的排版软件 Publisher，这种排版软件使用的人并不多。

1.4.7 TeX 简介

20 世纪 70 年代末，Donald E. Knuth 开发一个高质量的计算机排版系统——TeX 。现在，几乎所有的操作系统平台下都有相应的 TeX 软件，而且用它们排版同一个文件得到的输出结果是相同的。TeX 的另一个重要的特征就是它的输出与设备无关。TeX 的输出文件称为 DVI 文件，即“Device Independent”。一旦 TeX 处理了你的文件，你所得到的 DVI 文件就可以被送到任何输出设备，如打印机、屏幕等，并且总会得到相同的结果，而这与输出设备的限制没有任何关系。这说明 DVI 文件中所有的元素，从页面设置到文本中字符的位置都被固定，不能更改。

TeX 提供了一套功能强大并且十分灵活的排版语言，它多达 900 多条指令，并且 TeX 用户可以不断地定义自己适用的新命令来扩展 TeX 系统的功能。许多人利用 TeX 提供的宏定义功能对 TeX 进行了二次开发，其中比较著名的有美国数学学会（AMS）推荐的非常适合于数学家使用的 AMS - TeX 以及适合于一般文章、报告、书籍的 LaTeX 系统。

TeX 系统是公认的数学公式排得最好的系统。美国数学学会鼓励数学家们使用 TeX 系统向它的期刊投稿。世界上许多一流的出版社如 Kluwer、Addison - Wesley、牛津大学出版社等，也利用 TeX 系统出版书籍和期刊。

大部分的 TeX 系统都是免费的。Knuth 教授还公开了他的全部源程序。TeX 系统目前已经在数百种计算机系统上得到实现。TeX 系统的排版结果 DVI 文件与输出设备无关。DVI 文件可以显示、打印、照排，几乎可以在所有的输出设备上输出。TeX 排版源文件及结果在各种计算机系统上互相兼容。

TeX 也可以生成 PDF 文件。可用于电子出版和印刷。

TeX 具有超常的稳定性，十几年前的 TeX 文件用现在的 TeX 系统排版得到的结果与十几年前得到的结果是一样的。可以用 TeX 来排版英文、德文、俄文、中文等多种语言，还可以排版乐谱、象棋、围棋棋谱等。

简单方便。TeX 文档是 ASCII 码的文本文件。因此，即使你手边没有 TeX 系统，你也可以看懂绝大部分的内容。TeX 文件的这种特点使得它占用很少的存储空间，也可以很方便地用 e-mail 来传输。

良好的通用性。由于 TeX 是一个批处理式的排版系统，操作人员需要记忆很多命令，所以它不是很容易学。TeX 的一些扩展如 LaTeX 则要相对简单的多，使用起来也比 TeX 方便 。

1.4.8 蒙泰

蒙泰的功能全面，价格便宜，支持中、日、韩多种文字排版，支持 Unicode 3.0 新标准。符合简体中文、繁体中文、日文、韩文的排版规范，自动和手动注音。注音类型有：简繁中文、日文、韩文、英文音标、中文夹注排版，专业的条形码制作。美术字体设计能力出色，有方便的棋牌和符号排版。支持中国象棋、围棋、国际象棋、化学实验和化学符号、电子元件、物理电路符号、安全标志和交通标志，可以方便地画流程图。

蒙泰内置了拼版功能，能够对装订方式不太复杂的书稿直接拼版输出，节省了手动拼版的时间，也不容易出错。蒙泰的功能不够丰富，字体和排版的花样不多，表格也不够强大，发排速度太慢。由于市场占有率不高，只能存成标准 PS 文件去发排。方正的 PSPNT 发排蒙泰的文件容易撞网，其他公司的 RIP 则一切正常。

1.4.9 其他排版软件

数学排版软件

在 Word 和方正书版、方正飞腾排版系统中都有自己的数学排版工具。PageMaker 等排版软件就得借助专用的数学式排版软件进行排版。

MathMagic 和 Mathtype 都是专业的数学式排版软件，它们可很方便快捷地输入任意数学式、方程式、行列式和符号，并供给网页编辑器、图形或专业排版软件一起应用这些方程式。但是，它们只能存储为 EPS 提供给其他专业排版软件置入使用。

MathMagic Pro 则可以通过附加于 InDesign 的 MathMagic 插件或附加于 QuarkXPress 的 MathMagic XTension 对文档内创建的数学式进行联动编辑，这对修改在 InDesign 和 QuarkXPress 内的数学式排版带来极大便利。它还支持输出彩色的 EPS。

化学排版软件

在分子结构制作软件方面有 Chem Office、Chem Draw、化学金排。

化学金排在 Word 环境运行十分稳定，它的 7.06 的内部素材功能可以很好地解决有机分子结构制作问题。它还提供了许多外挂解决方案和化学资料库。在输入化学式时，可以识别各种化学式、方程式，可以识别近百万种的无机物、有机物，可以识别化学文章中的其他大小写、上下标。

乐谱排版软件

Sibelius、Finale、Encore、Overture 是几种乐谱排版软件，可以排乐谱、五线谱。一般是输出成 TIFF、EPS 与其他排版系统分享。

1.5 当代网络、电子出版物排版

排版习惯上是指印刷上的文字制版过程，实际上排版的真正含义是将文字或图像组合在一起形成人们易于阅读的页面的过程。曾经我们用纸张承载排版的结果，如今我们还可以用网页或光盘、电视等多媒体承载排版的结果。因此，只要有文字的存在，排版就会一直存在下去。

1.5.1 网页排版

用于互联网上文字、图片或声音的传播，通过网页浏览器进行阅读（见图 1－15）。

FrontPage

FrontPage 是微软公司开发的网页排版软件，它与 Word 十分相像，用

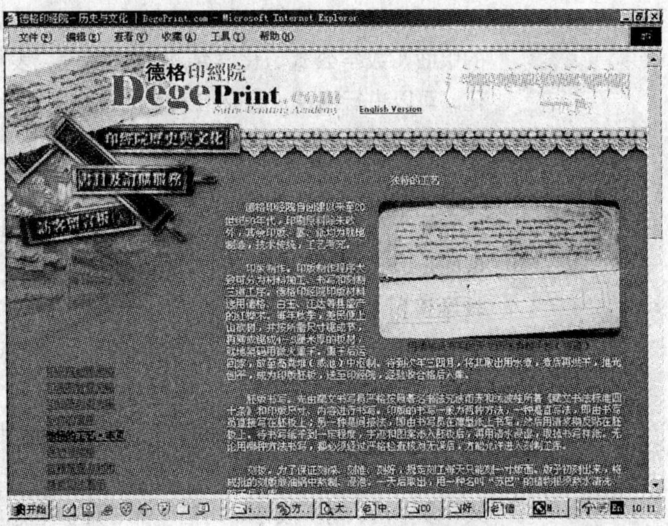

图 1－15　德格印经院网页

过 Word 的人很容易就可以学会用 FrontPage 制作网页，它最重要的特点是网页间的相互链接，通过链接把网站中的所有网页有组织的联系在一起。

FrontPage 的缺点是制作复杂程度比较高的网页时，内容之间会相互影响。专业网页设计人员一般不用此软件。

Dreamweaver

Dreamweaver 是 Macromedia 公司推出的网页设计软件，它能够快速高效地创建极具表现力和动感效果的网页。它还具备强大的网站管理功能，提供了完善的站点管理机制，使站点管理工作变得轻松自如。

相比 FrontPage，它采用了层的方法来避免网页中内容的相互影响，专业网页设计师一般都使用这一软件制作网页（站）。

GoLive

Adobe 公司开发的 GoLive CS2 是一个类似于 Dreamweaver 的网站制作软件，它对 CSS + DIV 架构支持非常好，是目前最好用的 CSS + DIV 网站开发软件。

它可以将 Photoshop、Illustrator 及 PDF 文件作为智能对象置入 GoLive ，这些对象在进行裁切或调整大小时可随意进行重新处理。

1.5.2 电子出版物排版

光盘排版

用于在 CDROM 或 DVD 上阅读的文字编辑排版软件，制作软件有：Authorware、方正 Apabi 等。

Apabi 可以将方正排版系统生成的 S2、S72、PS2、PS、EPS、TIF、JPG、DOC、PDF 等文件直接转换为电子书。它采用了高保真显示技术，电子书忠实于原书版面，保留原有的所有版式信息，包括文字、图形、图像以及复杂的版面如数学公式、化学结构式、图表、表格、棋牌、乐谱等，完全数字化，可以进行摘录、全文检索。免费为读者提供了专业的、人性化的电子书阅读软件。

电视字幕

用于在电视上编排字幕的排版系统，用于编排字幕的软件有：DV、Betacam SP、Digibeta。

教学演示

在教学过程中，制作课件的排版软件有 PowerPoint。

PDF 文件

在互联网上及光盘中还经常用到一种通用文件——PDF 文件，目前的排版软件只要安装了 PDF 生成工具几乎都可能生成 PDF 文件。PDF 以其开放格式、多平台、可扩展性、可信可靠、维护信息完整性（文、图、3D、全色图像、照片、业务逻辑）、保持信息安全性、可搜索性及可访问性独占鳌头。

2 印刷字体

2.1 汉字印刷字体的演变——书法字体

2.1.1 古文字时代——奠定“文字”基础

殷商至秦统一中国前为古文字时代。

中国的文字起源于象形文字。考古发现证明，中国先民早在七八千年前就在龟甲上刻划符号了。在五六千年前的仰韶文化、大汶口文化中发现了在陶器上刻划的符号有数十种之多，其中有些与甲骨上所见的字类似，因而有人认为它们就是早期文字。从考古发掘的出土文字资料来看，中国至少在虞夏时期已经有了正式的文字。

中国历来有仓颉（黄帝的史官）造字的说法。说他观察大地山川、鸟兽虫龟、日月星空、草木器具后创造出文字。《说文解字序》中记载：“仓颉之初作书，盖依类象形，故谓之文；其后形声相益，即谓之字。”用形旁规定这个字的类别，用读音的声旁来表明这个字的读音。这就是造字成熟的明显标志。1899 年，古文字学家刘鄂在药铺出售的甲骨中发现了大量刻在龟甲和兽骨上的符号，国人由此认识了中国最早的成熟文字——甲骨文。殷商时期除采用象形和形声造字外，还用指事、会意、转注、假借方法来造字，共约 4500 字。

甲骨文

甲骨文之后的西周时期，人们把文字铸刻在钟鼎等青铜器上，称作金文，又叫钟鼎文。早期金文比甲骨文图绘性更强，更接近原始文字。金文笔形比甲骨文丰满粗肥，外形比甲骨文方正、匀称，异体字也较多。

战国时，各国的文字五花八门，统称古文。秦国有人把国君游猎的 10 首四言诗刻在鼓形石上，这就是书法家极力推崇的石鼓文，是我国现存最早的石刻文字，字体在古文与秦篆之间，人称“大篆”，有人说是周宣王史官籀所作，也称“籀文”。文字雄浑自然，方圆天成。

2.1.2 过渡时代——文字走向统一

篆书

秦始皇统一六国后，在全国范围内对汉字有计划地进行整理、简化，正式推行标准字体——小篆。小篆是在大篆的基础上整理、简化而成的，它最大的特点是将汉字笔画数从此固定下来。泰山刻石是小篆的典型代表（见图 2－1）。定型化了的小篆进一步削弱了汉字的图形意味，使汉字更加符号化，减少了书写和认读方面的混乱及困难。小篆比大篆线条挺劲圆匀、富于立体感，结构整齐对称，笔画从简，异体字也基本废除了。

图 2－1　泰山刻石

《说文解字》中的篆书

篆字作为电脑中最有古意的文字，吸引了众多造字者的眼光，以下为几款电脑中的篆字：

方正小篆

汉仪篆书

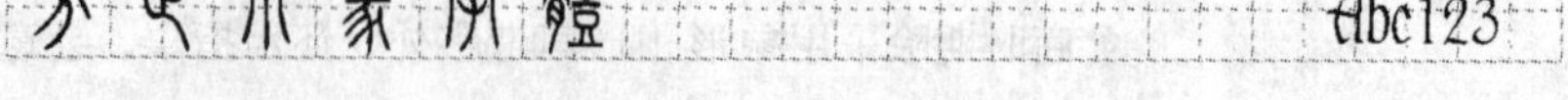

汉仪粗篆

漢儀粗篆繁體　Abc123

汉鼎繁印篆

漢鼎繁印篆　Abc123

经典繁方篆

經典繁方篆體　Abc123

经典繁角篆

經典繁角篆體　Abc123

经典繁印篆

經典繁印篆體　Abc123

注：在某些中文字体中并未设计与其风格一致的英文字体，即使设计了与其对应的英文字体其风格也未必十分吻合。排版者在遇到中英文混排时，应当注意中英文的匹配问题，否则系统将强行使用样张上的英文字体。

古隶

但篆书还是很难写，相传先秦“徒隶”（小吏）程邈把小篆圆转弧形的笔画变成了方折笔直的笔画，世称“秦隶”，也叫古隶（见图 2－2）。秦隶基本上摆脱了图形的特点，将具备图形特点的古文字演变为符号化的今文字，在汉字发展史上具有划时代的意义。

图 2－2　古隶

以下为几款电脑中的古隶，可以看出这几种字体其实已名不符实。

方正古隶

方正古隶简体方正古隸繁體 Abc123

汉鼎繁淡古

漢鼎繁淡古　Abc123

文鼎古印体

文鼎古印體繁　Abc123

汉鼎繁古印

漢鼎繁古印　Abc123

2.1.3 今文字时代——符号化的规范汉字

图 2－3　汉隶

隶书

汉魏至今称为今文字时代。随着毛笔的发明和改良，进入西汉以后，隶书出现新的面目，轮廓由较方变为较扁、笔画中出现了较多的波磔，有所谓的“蚕头燕尾”——这就是“汉隶”（见图 2－3），又叫今隶。东汉中期以后，隶书成为官方正式字体。隶书比起小篆来，起了很大变化，汉隶已经脱去了篆书的痕迹，它将小篆不规则的曲线和圆转的线条变为平直方整的笔画，从而使汉字进一步符号化，几乎全部丧失了象形意味。

楷书易辨，但过于规矩，篆书缥缈，但过于难辨。隶书的风骨神态刚好居中，自然赢得众多造字者的追捧。以下为电脑中的各式隶书。

隶变是隶书的一种变体，将隶书往柔和、清爽上改变了一番。

隶变体

方正隶变

方正隶变简体方正隸變繁體 Abc123

汉仪小隶

汉仪小隶书简漢儀小隸書繁 Abc123

文鼎中隶

文鼎中隶简文鼎中隸繁 Abc123

经典细隶书

经典细隶书简經典細隸書繁 Abc123

经典隶变

经典隶变简体 Abc123

汉鼎细隶繁

漢鼎繁細隸 Abc123

汉鼎简隶变

汉鼎简隶变 Abc123

汉鼎隶变繁

漢鼎繁隸變 Abc123

汉鼎粗隶繁

漢鼎繁粗隸　Abc123

隶二体

方正隶二

方正隶二简体方正隸二繁體　Abc123

汉仪中隶

汉仪中隶书简漢儀中隸書繁　Abc123

隶书体

方正隶书

方正隶书简体方正隸書繁體　Abc123

汉仪大隶

汉仪大隶书简漢儀大隸書繁　Abc123

文鼎 CS 大隶书

文鼎CS大隶书　Abc123

汉鼎简隶书

汉鼎简隶书　Abc123

经典隶书

经典隶书简体經典隸書繁體　Abc123

隶书的几种变化

隶书电脑字体的另一派则走向方正和刚劲，尤其是铁筋隶书，字体方细，但刚劲如铁。大隶书字形粗壮，字形略扁，结构严谨，浑厚婉转，公认为隶书典范，多用于广告、灯箱、招牌、标题，能给人一种先声夺人的气势。

汉仪方隶

汉仪方隶简　Abc123

方正祥隶

方正祥隶简体祥隸繁體樣張　Abc12

方正华隶

方正华隶简体方正華隸繁體　Abc123

方正铁筋隶书

方正铁筋隶书简鐵筋隸書繁 Abc123

经典繁角隶

經典繁角隸體 Abc123

楷书

图 2－4 钟繇楷书

隋唐之际，盛行楷书，楷书又叫真书、正书，由隶书而生，将隶书的挑法改为平直笔画，比隶书更加方正、规矩。“楷”是规矩整齐、可为楷模的意思。至此，中国方块字基本定型，楷书成为汉字的标准字体。

楷书在古代又有魏碑和唐碑两大门派。魏碑，历史上指南北朝时北魏风格的碑刻文字，特点为斩钉截铁，点画爽利挺秀，骨力遒劲，结构严谨，有刀刻效果。

楷体

方正楷体

方正楷体简体楷體繁體樣張 Abc123

汉仪楷体

汉仪楷体简漢儀楷體繁樣張 Abc123

汉鼎简楷体

汉鼎简楷体 Abc123

汉鼎繁楷体

漢鼎繁楷體 Abc123

经典楷体

经典楷体简 Abc123

文鼎 CS 楷体

文鼎CS楷体 Abc123

方正中楷

方正中楷繁體 Abc123

汉仪中楷

汉仪中楷简体 Abc123

汉鼎简中楷

汉鼎简中楷 Abc123

汉鼎繁中楷

漢鼎繁中楷 Abc123

文鼎中楷

文鼎中楷简文鼎中楷繁 Abc123

方正北魏楷书

方正北魏楷书简北魏楷書繁 Abc123

魏碑体

方正魏碑

方正魏碑简体方正魏碑繁體 Abc123

汉仪魏碑

汉仪魏碑简漢儀魏碑繁樣張 Abc123

汉鼎简魏碑

汉鼎简魏碑 Abc123

经典魏碑

經典魏碑繁體 Abc123

文鼎 CS 魏碑

文鼎CS魏碑 Abc123

文鼎 CS 魏碑繁

文鼎CS魏碑繁 Abc123

文鼎魏碑繁

文鼎魏碑繁 Abc123

文鼎粗魏碑简

文鼎粗魏碑简 Abc123

其他楷书字体

唐楷指唐代楷书风格的文字。其收笔分回锋和露锋，回锋要求周到饱满，且能“引笔至画尽处之核心，隐隐有聚墨痕”；露锋收笔必力送笔尖，笔已尽而意未绝。唐楷中柳公权的“柳骨”和颜真卿的“颜筋”成了中国书法入门的台阶。

汉仪颜楷

漢儀顏楷繁體　Abc123

汉鼎颜体繁

漢鼎繁顏體　Abc123

经典颜体繁

經典繁顏體　Abc123

经典毛楷繁

經典繁毛楷體　Abc123

文鼎习字体

文鼎习字体　Abc123

宋代的楷书以宋徽宗赵佶的“瘦金体”最为著名，其特色可用瘦硬劲挺四字概括。字形颇有“鹤韵”，字形长，笔画瘦，尾钩锐利，力量中透出洒脱。

方正瘦金书

方正瘦金书简体瘦金書繁體 Abc123

汉仪瘦金书

汉仪瘦金书简漢儀瘦金書繁 Abc123

在宋代雕版印刷的书籍中，楷书被美术化，写得更规矩漂亮，称为“宋体字”，后有人模仿宋体字而加以变化，称“仿宋体”。

宋体字作为标准正文字，衍生出众多字型，下面有专节介绍。

在楷书成为书写标准的同时，行书和草书这两种书写起来更随意豪放的字体也走向成熟。苏东坡说：“楷如立，行如行，草如奔跑。”形象说明了楷书、行书和草书的区别。

行书可以灵活多变，书写中楷书的成分多就称“行楷”，《怀仁集王羲之书圣教序》是行楷典范。行楷是动静结合的字体，有玉树临风的静气和风的韵味。

方正行楷

方正行楷简体方正行楷繁體 Abc123

汉仪行楷

汉仪行楷简漢儀行楷繁樣張 Abc123

汉鼎行楷简

汉鼎简行楷 Abc123

汉鼎行楷繁

漢鼎繁行楷 Abc123

经典行楷

經典行楷繁體 Abc123

文鼎 CS 行楷体

文鼎CS行楷体 Abc123

文鼎 CS 行楷繁

文鼎CS行楷繁 Abc123

文鼎粗行楷

文鼎粗行楷简 Abc123

文鼎行楷碑体

文鼎行楷碑体 Abc123

汉仪细行楷

汉仪细行楷简 Abc123

2.1.4 书法体

舒体

是一款直接将书法家舒同的字体移植入电脑的字体，字体善于藏锋，笔体圆浑，寓巧于拙，宽博端庄。因舒同年事已高，字稿由他指定的书法家孙志浩书写。

新舒体

由舒同体原书写人孙志浩在舒同体基础上重新构思书写的电脑字体。笔画加粗、笔力古朴苍劲、笔法更加成熟和自如。

方正舒体

方正舒体简体方正舒體繁體 Abc123

方正新舒体

方正新舒体简体新舒體繁體 Abc123

汉仪舒同体

汉仪舒同体简漢儀舒同體繁 Abc123

汉鼎简舒体

汉鼎简舒体 Abc123

汉鼎繁舒体

漢鼎繁舒體 Abc123

经典舒同体

经典舒同体简經典舒同體繁 Abc123

文鼎 CS 舒同体

文鼎CS舒同体 Abc123

文鼎 CS 舒同体繁

文鼎CS舒同體繁 Abc123

康体

指的是中国近代史上“戊戌变法”的领袖康有为的字体。他潜心研习汉魏六朝碑帖，深得其中精髓。有人用三个字概括其特点：“重”、“拙”、“大”，意为凝重、古拙、大气磅礴。可惜方正开发的“康体”力度不够，缺乏气概。

方正康体

方正康体简体方正康體繁體 Abc123

启体

指的是启功先生独创的“五三五”不等分结构字体的书法字体。这种字形上下左右的分量较大，中间的分量较小，而不是“九宫格”那样的“九等分”。

方正启体

方正启体简体方正啓體繁體 Abc123

雪君体

比已有的行楷、行书灵动，笔墨饱满，运笔流畅，有亲和力和手写感。

汉仪雪君

汉仪雪君体简漢儀雪君體繁 Abc123

南宫体

笔画转折处内呈圆弧而外为方角，大量采用书法的各种笔法，有碑刻意味，真正做到古为今用。正文及小标题都可用。

汉仪南宫体

汉仪南宫体简 Abc123

书魂体

将魏碑的结构特点融入其中，结构“方”，笔画“重”，韵味“足”。

汉仪书魂体

汉仪书魂体简 Abc123

家书体

地道手写风格，类似等线体，笔画两头圆，字形略长，笔画细挺，运笔自然，横画微微向上倾斜，亲切鲜活。此款字曾获国际奖。

汉仪家书体

汉仪家书简漢儀家書繁樣張 Abc123

谁的字体

这是一款努力追求随意手写风格的字体，可惜字的功力不足。

文鼎谁的字体

文鼎谁的字体 Abc123

文鼎谁的字体繁

文鼎誰的字體繁 Abc123

硬笔书法体

模仿硬笔书法的效果是这类字的特点。

方正硬笔楷书

方正硬笔楷书简硬筆楷書繁 Abc123

方正硬笔行书

方正硬笔行书简硬筆行書繁 Abc123

勘亭流体

这是一款来自日本的书法字体，日本戏剧界人士冈崎屋勘六作为书家创立了“勘亭流”书派，如今在广告和招牌上应用广泛。有魏碑的动感和行书的流畅，点画圆润有流水意韵，字形柔、厚、拙。

汉鼎繁勘亭

漢鼎繁勘亭 Abc123

文鼎勘亭流繁

文鼎勘亭流繁 Abc123

行书

行书比楷书飘逸，风格以“吴带当风”为佳，行书的特点是：下笔收笔处多露锋，少藏锋；笔画转换处多圆转，少方折（见图2－5）。李白诗云：“右军本清真，潇洒出风尘”，清真潇洒，既是夸王羲之，更是道破行书的神韵所在。

图2－5 行 书

汉鼎简行书

汉鼎简行书 Abc123

汉鼎繁行书

漢鼎繁行書 Abc123

经典行书

经典行书简体 Abc123

经典繁行书

經典繁行書體 Abc123

文鼎中行书

文鼎中行书简文鼎中行書繁 Abc123

方正硬笔行书

方正硬笔行书简硬筆行書繁 Abc123

汉鼎繁中变

漢鼎繁中變 Abc123

经典繁中变

經典繁中變體 Abc123

草书成分多的行书便称“行草”，如王羲之的《丧乱帖》，王献之的《中秋帖》等。

目前的行草电脑字体有中国龙行草体，应用不多。

草书

草书分章草、今草和狂草三种。古人有个很形象的说法——一笔书。章草是在汉代隶书定型的同时产生的，是隶书简捷随意的写法。今草由章草演变而来，是楷书和行书简捷抒放的写法。狂草以深厚的楷书和行书功底、高度的概括和变化多端的技巧形成了豪迈的气势。

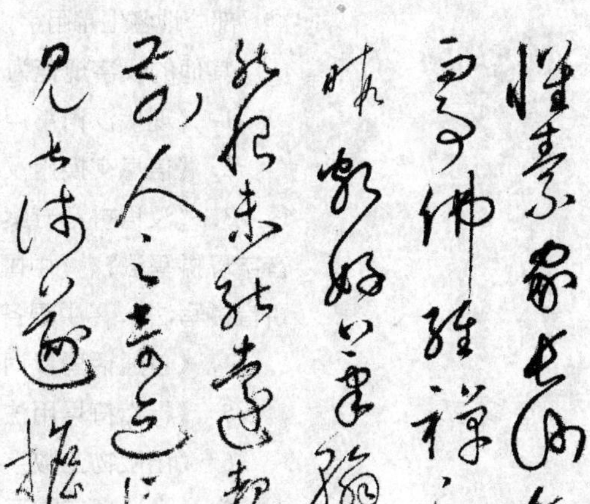

图 2-6 怀素狂草

草书的电脑字体不多，较成熟的有方正草书字体和黄草体。草书的特点是一笔数字，龙飞凤舞，行云流水，奔涌不息。有人形容草书“来不可止，去不可遏”。“黄草”是侨居美国的爱国老华侨黄彰任先生书写的易识、易写、易用、简繁体共存的“标准草书”。

方正黄草

方正黄草简体 Abc123

2.1.5 简化字

汉字的简化

汉字在中国内地最后一次大变动发生在1964年5月，为了更多的人掌握汉字，国家公布了《简化字总表》。

1977年我国又公布了第二次简化字方案，比如：把“楼”写为“柚”，但在使用过程中发现这个简化方案存在许多的缺陷，1986年废除了这一方案，并对1964年的总表做了个别调整，又重新发表了《简化汉字总表》，从此汉字的形体基本稳定下来，形成了汉字的规范。依此规范简化的汉字称为简体字，未简化的汉字称为繁体字。

1988年，国家颁布了新的《简化字总表》。这些公布的文字就是简化字。这些字或保留原轮廓，或保留原字部分特征，或造新的形声字、会意字，或简化繁体字部件，或借古字同音字，共简化汉字2235个。从此，不符合此表的繁简体一律视为不规范用字。

异体字的规范以《第一批异体字整理表》为依据，凡在此表中遭淘汰的异体字（除去后来恢复使用的28个异体字），不得使用。该表与《简化字总表》不一致的，以《简化字总表》为准。

印刷体字形的规范以《现代汉语通用字表》为标准，不得采用旧字形。

计量单位名称用字以1977年发布的《部分计量单位名称统一用字表》为标准。部分地名生僻用字，以1955年到1964年经国务院批准更改后的字为准。

其他的汉字规范为：

1.《现代汉语常用字表》

2.《信息交换用汉字编码字符集》

3.《汉语拼音方案》、《汉语拼音正词法基本规则》、《中国人名汉语拼音字母拼写法》、《中国地名汉语拼音字母拼写规则》、《中文书刊名称汉语拼音拼写法》、《中国各民族名称的罗马字母拼写法和代码》

4.《普通话异读词审音表》

5.《标点符号用法》

6.《出版物上数字用法的规定》

符合上述规定的汉字及符号，便是当今简化字时代合格的出版物。

许多拼音文字，因为声音的改变和各地发音的不同，一两百年前的文字则变得无法理解。汉字简化到今天，我们仍然能看懂几百几千年前的很多古文字，这是表意文字的奇迹，也是中国几千年文化能够传承和交流的重要因素。

图2－7为汉字演变中的主要形式。

今天的繁体字

在中国内地推行简体字的同时，中国香港特区、中国台湾省、中国澳门特区以及其他地区的海外华人仍在运用着没被简化的汉字系统，我们称之为繁体字。各地繁体字字形和用法没有统一规范，以致一个“龟”字，出现五种字形。

《康熙字典》字体是过去日本、韩国共同的标准字体，各自又有许多变

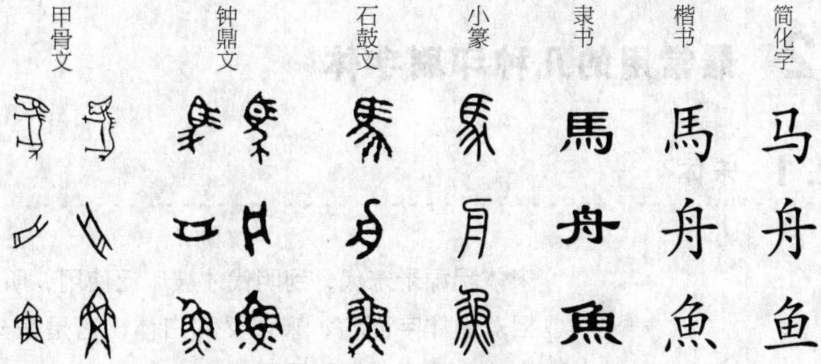

图 2－7　汉字的演变

化。在中国内地，《康熙字典》字体为旧字形，现用字形为新字形，区别如表 2－1 所列。

表 2－1　新旧字形对照表

新字形 简体	旧字形 及范例	新字形 及范例	新字形 简体	旧字形 范例	新字形 范例
糹	糹組織紅	糹組織紅	青	靑睛箐靜	青睛箐静
史	史更	史更	吕	呂鋁郘侶	吕鋁郘侣
丷	兑曾卷兼	兑曾卷兼	术	術述怵秫	術述怵秫
骨	骨髓滑骸	骨髓滑骸	虽	雖強糨鏹	雖强糨镪
奥	奧噢澳懊	奥噢澳懊	反	反扳板返	反扳板返
录	錄綠碌剝	錄緑碌剥	分	分扮頒芬	分扮頒芬
直	直植值矗	直植值矗	非	非靶緋剕	非排緋剕
争	爭掙靜箏	争挣静筝	为	爲僞溈(為)	爲僞溈(為)
产	產鏟薩剷	産薩鏟剷	孝	敎孝哮涍	教孝哮涍
仑	侖論綸輪	侖論綸輪	昷	昷蒕溫慍	昷蒕温愠
另	另別拐枴	另别拐柺	辶	進過邁遇	進過邁遇
亦	亦跡迹奕	亦跡迹奕	黄	黃鶊璜潢	黄鶊璜潢
去	去劫法袪	去劫法袪	呙	咼過渦剮	咼過渦剮
空	空控腔倥	空控腔倥	奂	奐換瘓喚	奂换痪唤
良	良糧朗榔	良糧朗榔	吴	吳誤娛筽	吴誤娱筽
户	戶	户扁偏翩	并	幷拼瓶研	并拼瓶研
支	支技枝頍	支技枝頍	几	殳朵投躲	殳朵投躲
丷	半叛平評	半叛平評	母	母拇梅毑	母拇梅毑
人	內納全拴	内納全拴	世	丗泄勩迣	世泄勚迣
虚	虛墟噓墟	虚墟嘘墟	瓜	瓜瓣孤瓞	瓜瓣孤瓞
丶	食言倉	食言倉	女	女好要淒	女好要凄
者	者著堵覩	者著堵覩			

2.2 最常用的几种印刷字体

2.2.1 宋体

宋体起源于宋代，到明代才被广泛使用，所以日文宋体称为明体或明朝体。相对黑体字而言，宋体又称白体，它是在刻书字体的基础上发展起来的。宋体字笔画分解图见图 2-8。

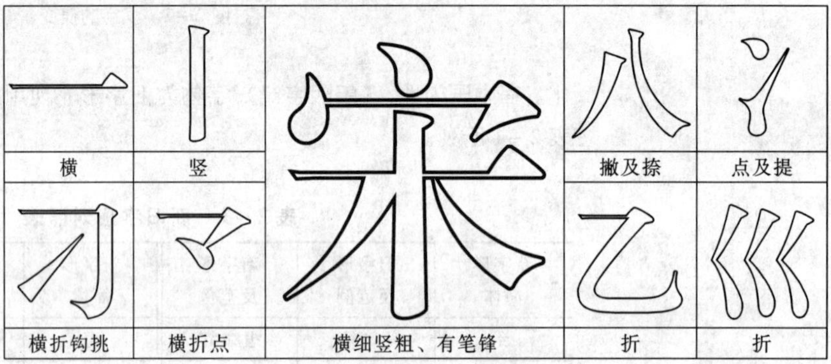

图 2-8　宋体字的特征

宋体因主要作为宋代雕版印刷的标准字体而得名，横细竖粗，体态方正，是应用最广、历史最久的印刷字体。风格端庄、典雅、清秀，其主要特征为：字形正方，笔画横细竖粗，点为上尖下圆的瓜子形，撇为上粗下细呈一定弧度的刀形，捺则上细下粗带有落笔刀锋，在笔画的右上弯处有装饰字肩。

宋体字适合于排印报刊、书籍正文，是最通行的正文印刷字体。在同样条件下，宋体字比其他字体更适于人们阅读。由于宋体应用最广，因此不同风格的宋体字也相当多。

有人利用宋体的长扁变化专门设计了一些字体，如牟体是一副由牟紫东于 20 世纪 60 年代设计的长宋体。它以宋体为基础，并吸收了楷体的风格，适当加粗了横笔画，长宽比约为 5∶4。扁宋体一般将其长宽比设计为 3∶5，这个比例接近于黄金分割比例，其视觉效果较好。

仿宋体横竖笔画均较细，横笔略向上倾斜，字身较瘦，笔画起落处锋芒突出。适合于排印书刊的标题和内部文件等。

报宋

报宋竖笔画比书宋细，主要用于报刊正文排版。但小号字的老报宋有些笔画不清晰，于是方正推出了第三代报宋，重心平稳，横竖粗细比例合理，版面整齐均匀。

方正报宋

方正报宋简体方正報宋繁體 Abc123

方正新报宋

方正新报宋简 Abc123

汉仪报宋

汉仪报宋简漢儀報宋繁樣張 Abc123

汉鼎简报宋

汉鼎简报宋 Abc123

文鼎报宋简

文鼎报宋简 Abc123

文鼎 CS 报宋繁

文鼎CS報宋繁 Abc123

汉鼎繁细宋

漢鼎繁細宋 Abc123

报宋和新报宋的版面效果如图 2－9 所示：

方正第三代报宋扮“靓”中国报纸

8 月 12 日，作为我国江苏地区发行量最大的城市日报——现代快报正式采用方正第三代报宋排版出报。自此，方正推出的第三代报宋已在广州日报、常州日报、东方今报、太行日报、哈尔滨日报、吉林报社等数十家报社应用。

报纸每天通过文字和图片向读者传达信息，正文字是读者眼睛视线接触最多的字体，其质量的好坏直接影响到读者的阅读感受，甚至影响到读者的视力。

报纸印刷质量一个重要的指标就是报纸版面灰度是否均匀。第三代报宋在笔形、粗细、结构上的改进，使报纸的版面更加均匀，印刷时调墨也容易多了。

2

报　宋

方正第三代报宋扮“靓”中国报纸

8 月 12 日，作为我国江苏地区发行量最大的城市日报——现代快报正式采用方正第三代报宋排版出报。自此，方正推出的第三代报宋已在广州日报、常州日报、东方今报、太行日报、哈尔滨日报、吉林报社等数十家报社应用。

报纸每天通过文字和图片向读者传达信息，正文字是读者眼睛视线接触最多的字体，其质量的好坏直接影响到读者的阅读感受，甚至影响到读者的视力。

报纸印刷质量一个重要的指标就是报纸版面灰度是否均匀。第三代报宋在笔形、粗细、结构上的改进，使报纸的版面更加均匀，印刷时调墨也容易多了。

3

新报宋

图 2－9　第二代、第三代报宋的比较

书宋

宋体有多种细节变化，书宋使用最为广泛，通常所说的宋体一般就是指书宋，书宋是书籍正文排版最常用的字体。风格方正、严谨。小标宋和大标宋顾名思义是专门为排小标题和大标题用的字体，竖笔画较粗，粗宋则是竖笔画最粗的标题排版用宋体。

方正书宋

方正书宋简体方正書宋繁體 Abc123

方正新书宋

方正新書宋繁 Abc123

汉鼎简宋体

汉鼎简宋体 Abc123

汉鼎简老宋

汉鼎简老宋 Abc123

经典宋体

经典宋体简經典宋體繁樣張 Abc123

方正宋一

方正宋一简体方正宋一繁體 Abc123

方正宋三

方正宋三简体 Abc123

方正新秀丽

方正新秀麗繁 Abc123

汉仪书宋一

汉仪书宋一简漢儀書宋一繁 Abc123

汉仪书宋二

汉仪书宋二简漢儀書宋二繁 Abc123

汉仪字典宋

汉仪字典宋简漢儀字典宋繁 Abc123

汉鼎繁宋体

漢鼎繁宋體 Abc123

汉鼎简书宋

汉鼎简书宋 Abc123

汉鼎繁书宋

漢鼎繁書宋 Abc123

汉鼎简书宋二

汉鼎简书宋二 Abc123

汉鼎繁书宋二

漢鼎繁書宋二 Abc123

文鼎 CS 书宋二

文鼎CS书宋二 Abc123

文鼎书宋

文鼎书宋简文鼎書宋繁 Abc123

小标宋

字型端正，结构匀称，笔画横细竖粗，布局严谨、稳重，适合作文章的小标题。

方正小标宋

方正小标宋简体小標宋繁體 Abc123

汉鼎简标宋

汉鼎简标宋 Abc123

汉鼎繁标宋

漢鼎繁標宋 Abc123

经典标宋

经典标宋简体經典標宋繁體 Abc123

文鼎小标宋

文鼎小标宋简 Abc123

中宋与大标宋

中宋用于标题的场合居多，介于小标宋和大标宋之间。大标宋常常用于大的标题中。

汉仪中宋

汉仪中宋简漢儀中宋繁樣張 Abc123

汉鼎简中宋

汉鼎简中宋 Abc123

汉鼎繁中宋

漢鼎繁中宋 Abc123

经典中宋

經典中宋繁體 Abc123

文鼎 CS 中宋简

文鼎CS中宋 Abc123

文鼎 CS 中宋繁

文鼎CS中宋繁 Abc123

方正大标宋

方正大标宋简体大標宋繁體 Abc123

文鼎大标宋

文鼎大标宋简 Abc123

汉仪大宋

汉仪大宋简漢儀大宋繁樣張 Abc123

文鼎 CS 大宋简

文鼎CS大宋 Abc123

文鼎 CS 大宋繁

文鼎CS大宋繁 Abc123

粗宋

如果希望标题更加醒目，可以选择竖笔更粗的粗宋。

方正粗宋

方正粗宋简体方正粗宋繁體 Abc123

汉仪粗宋

汉仪粗宋简漢儀粗宋繁樣張 Abc123

汉鼎简粗宋

汉鼎简粗宋 Abc123

汉鼎繁粗宋

漢鼎繁粗宋 Abc123

经典粗宋

经典粗宋简体經典粗宋繁體 Abc123

汉鼎简特宋

汉鼎简特宋 Abc123

汉鼎繁特宋

漢鼎繁特宋 Abc123

经典特宋

经典特宋简体 Abc123

汉鼎繁特粗宋

漢鼎繁特粗宋 Abc123

文鼎特粗宋

文鼎特粗宋简 Abc123

经典繁超宋

經典繁超宋體 Abc123

宋体的几种变化

宋体字融入一些黑体字的横竖一般粗的特色，即为宋黑。

方正宋黑

方正宋黑简体方正宋黑繁體 Abc123

将宋体通过计算机拉长或压扁，便衍生出长宋和扁宋，长宋愈发挺拔，扁宋更加敦实沉稳，以下是字体设计师专门设计的长宋字体。

汉仪长宋

汉仪长宋简漢儀長宋繁様張 Abc123

汉鼎简长宋

汉鼎简长宋 Abc123

汉鼎繁长宋

漢鼎繁長宋 Abc123

经典长宋

经典长宋简体經典長宋繁體 Abc123

文鼎 CS 长宋简

文鼎CS长宋 Abc123

文鼎 CS 长宋繁

文鼎CS長宋繁 Abc123

2.2.2 楷体

楷体字已在文字演变一节中介绍过，这里重点讲解它的结构和笔画特色。

楷体字笔画分解图见图 2－10。

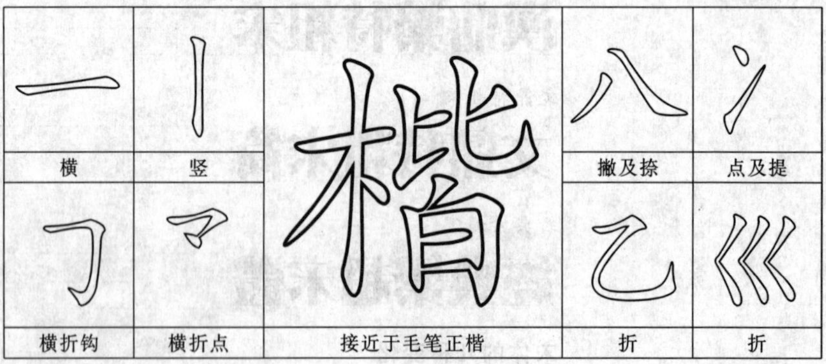

图 2－10　楷体字的特征

在大量传统图书中，宋体通常用作正文，楷体用作引文或书信字，仿宋用作说明文字。

楷体的沿革及主要字体已作介绍，不再赘述。

2.2.3 仿宋体

仿宋体，顾名思义，是和宋体相仿的字体。横竖粗细接近，点呈三角形，撇捺两头粗细有变化；字稍宽，右侧略高。比宋体更有骨感、简捷明快、清爽。仿宋体字笔画分解图见图 2 – 11。

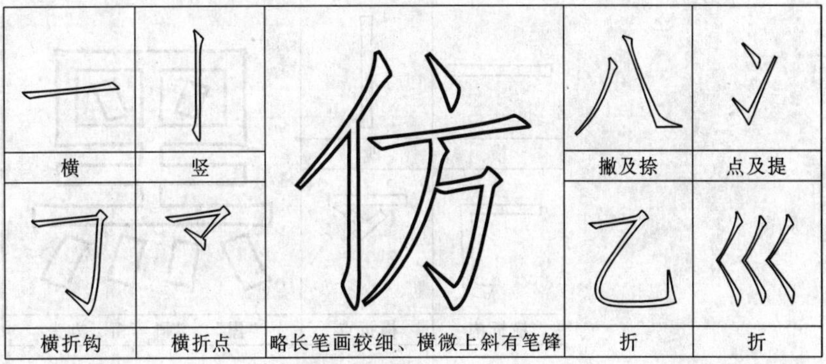

图 2 – 11　仿宋体字的特征

方正仿宋

方正仿宋简体方正仿宋繁體 Abc123

汉仪仿宋

汉仪仿宋简漢儀仿宋繁樣張 Abc123

汉鼎简仿宋

汉鼎简仿宋 Abc123

汉鼎繁仿宋

漢鼎繁仿宋 Abc123

经典仿宋

经典仿宋简体經典仿宋繁體 Abc123

文鼎细仿宋

文鼎细仿宋简文鼎細仿宋繁 Abc123

文鼎 CS 仿宋体

文鼎CS仿宋体 Abc123

汉仪粗仿宋

汉仪粗仿宋简 Abc123

2.2.4 黑体及等线体

横竖笔画都较粗，笔画粗细相同，起笔处为方头。适合于排印书刊的标题和重点语句。黑体字笔画分解图见图 2－12。

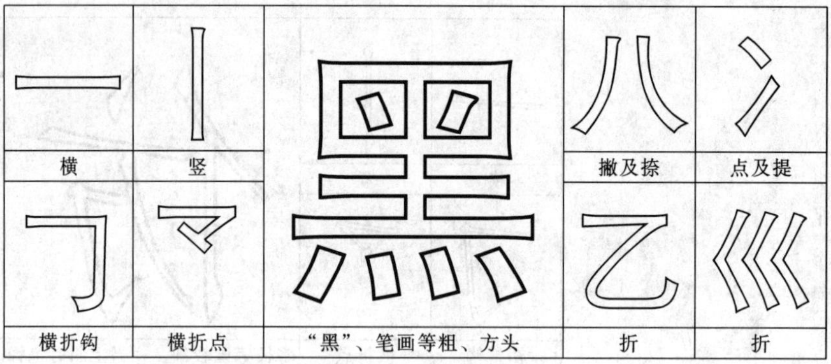

图 2－12　黑体字的特征

方正细黑一

方正细黑一简体細黑一繁體 Abc123

汉鼎繁细黑

漢鼎繁細黑 Abc123

方正平黑

方正平黑繁體 Abc123

经典平黑

经典平黑简体 Abc123

经典繁平黑

經典繁平黑體 Abc123

方正黑体

方正黑体简体方正黑體繁體 Abc123

汉鼎简黑体

汉鼎简黑体 Abc123

汉鼎繁黑体

漢鼎繁黑體 Abc123

经典黑体

经典黑体简 Abc123

汉仪中黑

汉仪中黑简漢儀中黑簡樣張 Abc123

汉鼎简中黑

汉鼎简中黑 Abc123

汉鼎繁中黑

漢鼎繁中黑 Abc123

文鼎 CS 中黑

文鼎CS中黑 Abc123

文鼎 CS 中黑繁

文鼎CS中黑繁 Abc123

方正大黑

方正大黑简体方正大黑繁體 Abc123

汉仪大黑

汉仪大黑简漢儀大黑繁樣張 Abc123

汉鼎简大黑

汉鼎简大黑 Abc123

汉鼎繁大黑

漢鼎繁大黑 Abc123

文鼎 CS 大黑

文鼎CS大黑 Abc123

文鼎 CS 大黑繁

文鼎CS大黑繁 Abc123

方正粗黑

方正粗黑繁體 Abc123

汉仪粗黑

汉仪粗黑简漢儀粗黑繁樣張 Abc123

汉鼎简粗黑

汉鼎简粗黑 Abc123

汉鼎繁粗黑

漢鼎繁粗黑 Abc123

经典粗黑

经典粗黑简体經典粗黑繁體 Abc123

文鼎粗黑

文鼎粗黑简文鼎粗黑繁 Abc123

方正超粗黑

方正超粗黑简体超粗黑繁體 Abc12

汉仪超粗黑

汉仪超粗黑简漢儀超粗黑繁 Abc123

汉鼎简特黑

汉鼎简特黑 Abc123

汉鼎繁特黑

漢鼎繁特黑 Abc123

经典特黑

经典特黑简体 Abc123

汉鼎简特粗黑

汉鼎简特粗黑 Abc123

汉鼎繁特粗黑

漢鼎繁特粗黑 Abc123

文鼎特粗黑

文鼎特粗黑简 Abc123

等线体

等线体是细下来的黑体，有黑体的骨架，减少了一些黑体的笨重，颇受香港的报刊青睐。等线体由细到粗分别为幼线、细等线、等线、中等线。细等线线条流畅，印成小字依旧清晰，适合地图用字。等线体以粗细适中、现代感强受到众多设计者的好评。

方正幼线

方正幼线简体方正幼綫繁體 Abc123

汉鼎繁线体

漢鼎繁綫體 Abc123

方正细等线

方正细等线简 Abc123

汉仪特细等线

汉仪特细等线简 Abc123

汉仪细等线

汉仪细等线简漢儀細等綫繁 Abc123

汉鼎简细等线

汉鼎简细等线 Abc123

汉鼎繁细等线

漢鼎繁細等綫 Abc123

经典细等线

經典細等綫繁 Abc123

文鼎 CS 细等线

文鼎CS细等线 Abc123

经典等线体简

经典等线简体 Abc123

方正中等线

方正中等线简体中等綫繁體 Abc123

汉仪中等线

汉仪中等线简漢儀中等綫繁 Abc123

汉鼎简中等线

汉鼎简中等线 Abc123

汉鼎繁中等线

漢鼎繁中等綫 Abc123

文鼎 CS 中等线

文鼎CS中等线 Abc123

汉仪双线

汉仪双线体简漢儀雙綫體繁 Abc123

其他风格的黑体

美黑体是一款兼有宋体和黑体两种风格的字体，它的竖笔画较粗，横笔画较细，起笔和落笔处均为方头，点、撇、勾、捺及肩部都接近宋体字的风格，字形略长，大约为 1∶1.4；宋黑体除横竖都粗是黑体的特征外，其他都是宋体的特征；水黑体是粗的水注体；艺黑体是粗黑的一种变体，笔画略有弯曲；大黑以其质朴凝重和醒目将黑体的特色推到极致。

方正美黑

方正美黑简体方正美黑繁體 Abc123

经典美黑

经典美黑简体經典美黑繁體 Abc123

汉仪长美黑

汉仪长美黑简漢儀長美黑繁 Abc123

汉鼎简长美黑

汉鼎简长美黑 Abc123

汉鼎繁长美黑

漢鼎繁長美黑 Abc123

文鼎 CS 长美黑

文鼎CS长美黑 Abc123

文鼎 CS 长美黑繁

文鼎CS長美黑繁 Abc123

汉鼎简黑变

汉鼎简黑变 Abc123

汉鼎繁黑变

漢鼎繁黑變 Abc123

经典繁仿黑

經典繁仿黑體 Abc123

经典粗仿黑

經典粗仿黑體 Abc123

经典繁叠黑

經典繁疊黑體 Abc123

方正水黑

方正水黑简体方正水黑繁體 Abc123

方正艺黑

方正艺黑简体方正藝黑繁體 Abc123

方正毡笔黑

方正毡笔黑简体氈筆黑繁體 Abc123

经典细空黑

經典細空黑體 Abc123

经典空叠黑

經典空疊黑體 Abc123

汉仪方叠

汉仪方叠体简漢儀方叠體繁 Abc12

汉鼎繁叠黑

漢鼎繁疊黑 Abc123

2.2.5 圆头体

圆头体是在等线体的基础上，将笔画的边角处作圆化处理的文字。其特点是起、末笔均为圆头，笔画粗细一致，折笔处圆润、自然。圆头体的几种变化主要体现在笔画的粗细上。圆头体在海外常用作正文字体，20 世纪 90 年代后在内地也渐渐流行起来。圆头体字笔画分解图见图 2－13。

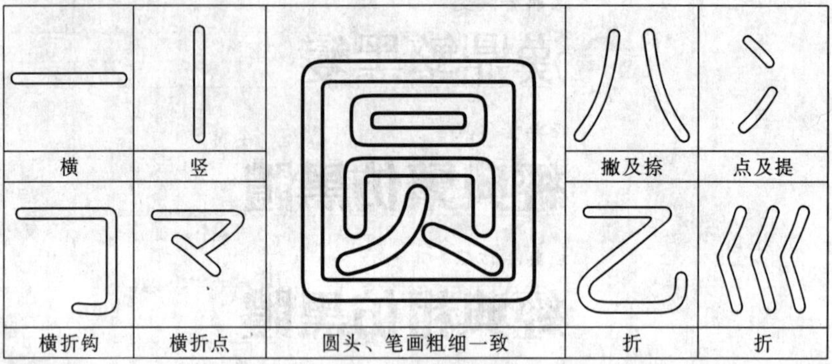

图 2－13　圆头体字的特征

细圆

方正细圆

方正细圆简体方正細圓繁體 Abc123

汉仪细圆

汉仪细圆简漢儀細圓繁樣張 Abc123

汉鼎简细圆

汉鼎简细圆 Abc123

汉鼎繁细圆

漢鼎繁細圓 Abc123

经典细圆

经典细圆简經典細圓繁樣張 Abc123

文鼎细圆

文鼎细圆简文鼎細圓繁 Abc123

经典圆体

经典圆体简經典圓體繁樣張 Abc123

汉仪细中圆

汉仪细中圆简漢儀細中圓繁 Abc123

中圆

方正准圆

方正准圆简体方正準圓繁體 Abc123

汉仪中圆

汉仪中圆简漢儀中圓繁様張 Abc123

汉鼎简中圆

汉鼎简中圆 Abc123

汉鼎繁中圆

漢鼎繁中圓 Abc123

经典中圆

经典中圆简經典中圓繁様張 Abc123

文鼎 CS 中圆繁

文鼎CS中圓繁 Abc123

粗圆

方正粗圆

方正粗圆简体方正粗圓繁體 Abc123

汉仪粗圆

汉仪粗圆简漢儀粗圓繁様張 Abc123

汉鼎简粗圆

汉鼎简粗圆 Abc123

经典粗圆

经典粗圆简体經典粗圓繁體 Abc123

文鼎粗圆

文鼎粗圆简 Abc123

文鼎 CS 粗圆繁

文鼎CS粗圓繁 Abc123

汉鼎简特圆

汉鼎简特圆 Abc123

汉鼎繁特圆

漢鼎繁特圓 Abc123

文鼎特圆简

文鼎特圆简 Abc123

汉仪超粗圆

汉仪超粗圆简 Abc123

经典超圆

经典超圆简体 Abc123

文鼎特粗圆

文鼎特粗圆简 Abc123

圆头体的几种变化

汉鼎繁圆新

漢鼎繁圓新 Abc123

经典繁仿圆

經典繁仿圓體 Abc123

经典圆叠黑

經典圓疊黑體 Abc123

经典叠圆

经典叠圆体简經典疊圓體繁 Abc12

经典空叠圆

经典空叠圆简經典空疊圓繁 Abc12

汉仪圆叠

汉仪圆叠体简漢儀圓疊體繁 Abc12

2.3 美术印刷字体

2.3.1 综艺类美术字体

美术体和书法体最大的不同在于，前者追求外在效果，后者追求内在功力。

综艺体

综艺体几乎是所有字中撑得最满的字体，比黑体更具扩张感。

方正综艺

方正综艺简体方正綜藝繁體 Abc123

汉仪综艺

汉仪综艺体简漢儀綜藝體繁 Abc123

汉鼎繁综艺

漢鼎繁綜藝 Abc123

汉鼎简新艺体

汉鼎简新艺体 Abc123

汉鼎繁新艺

漢鼎繁新藝體 Abc123

经典综艺体

经典综艺体简經典綜藝體繁 Abc123

经典细空艺

經典細空藝體 Abc123

经典繁空艺

經典繁空藝體 Abc123

文鼎新艺体

文鼎新艺体简文鼎新藝體繁 Abc123

经典繁圆艺

經典繁圓藝體 Abc123

姚体

姚体是在宋体和黑体基础上产生的一种字体，它具备了宋体横细竖粗的特征，起笔和收笔吸收了黑体不加变化的率直特色，字形浓度介乎宋体和黑体之间，字身瘦高。

方正姚体

方正姚体简体方正姚體繁體 Abc123

倩体

倩体是在宋体基础上发展出来的一种字体，比传统的宋体多了一些笔画弯折的柔性，虽然弧度还有待改善，但笔画的粗细对比和笔画的曲线美使这款字大量出现在女性、时尚内容文字中。

方正细倩

方正细倩简体方正細倩簡體 Abc123

方正中倩

方正中倩简体中倩繁體樣張 Abc123

方正粗倩

方正粗倩简体方正粗倩繁體 Abc123

2.3.2 象形类美术字体

美术字的创立和文字的创立一样，都大量运用象形法则，道法自然。

第一类是生物特征字体：

方正胖娃

方正胖娃简体方正胖娃繁體 Abc12

方正胖头鱼

方正胖头鱼简 Abc123

文鼎贱狗体

文鼎贱狗体 Abc123

文鼎贱狗体繁

文鼎賤狗體繁 Abc123

汉仪蝶语

汉仪蝶语体简 Abc123

汉仪彩蝶体

汉仪彩蝶体简　Abc123

汉仪花蝶体

汉仪花蝶体简　Abc123

汉仪萝卜体

汉仪萝卜体简　Abc123

文鼎竹子体

文鼎竹子体　Abc123

汉仪竹节体

汉仪竹节体简漢儀竹節體繁 Abc123

文鼎花瓣体

文鼎花瓣体　Abc123

文鼎荆棘体

文鼎荆棘体　Abc123

文鼎荆棘体繁

文鼎荆棘體繁　Abc123

汉仪橄榄体

汉仪橄榄体简漢儀橄欖體繁 Abc123

汉仪黑咪体

汉仪黑咪体简漢儀黑咪體繁 Abc12

汉仪咪咪

汉仪咪咪体简漢儀咪咪體繁 Abc12

第二类是大自然特征字体：

方正水柱

方正水柱简体方正水柱繁體 Abc123

汉仪水滴体

汉仪水滴体简漢儀水滴體繁 Abc123

汉仪水波体

汉仪水波体简　Abc123

文鼎淹水体

文鼎淹水体　Abc12

文鼎霹雳体

文鼎霹雳体　Abc123

文鼎石头体

文鼎石头体　Abc123

方正细珊瑚

方正细珊瑚简体細珊瑚繁體 Abc123

汉仪雪峰体

汉仪雪峰体简漢儀雪峰體繁 Abc12

汉仪海韵体

汉仪海韵体简　Abc12

方正彩云

方正彩云简体方正彩雲繁體 Abc12

汉仪彩云体

汉仪彩云体简漢儀彩雲體繁 Abc12

文鼎彩云

文鼎彩雲繁　Abc123

汉鼎繁彩云

漢鼎繁彩雲　Abc123

第三类是实物特征字体：

汉仪火柴体

汉仪火柴体简　Abc123

方正剪纸

方正剪纸简体方正剪紙繁體 Abc123

文鼎弹簧体

文鼎弹簧体 Abc123

汉仪黑棋体

汉仪黑棋体简 Abc123

汉仪白棋体

汉仪白棋体简 Abc123

方正琥珀

方正琥珀简体方正琥珀繁體 Abc123

汉仪琥珀体

汉仪琥珀体简漢儀琥珀體繁 Abc12

文鼎琥珀繁

文鼎琥珀繁 Abc123

汉鼎繁琥珀

漢鼎繁琥珀 Abc123

文鼎香肠体

文鼎香肠体 Abc123

文鼎齿轮体

文鼎齿轮体 Abc123

文鼎雕刻体

文鼎雕刻体 Abc123

文鼎雕刻体繁

文鼎雕刻體繁 Abc123

汉仪菱心体

汉仪菱心体简 Abc123

汉仪雁翎体

汉仪雁翎体简 Abc123

2.3.3 趣味类美术字体

儿童体为此类字体中的一类，模仿儿童手写特征，笔画歪斜，风格稚气。

方正稚艺

方正稚艺简体方正稚藝繁體 Abc123

方正少儿

方正少儿简体方正少兒繁體 Abc123

此类字体存心打破汉字结构比例和笔画规矩，以造出一种全新面孔。

文鼎妞妞体

文鼎妞妞体 Abc12

文鼎胡子体

文鼎胡子体 Abc123

汉仪哈哈体

汉仪哈哈体简 Abc12

汉仪嘟嘟体

汉仪嘟嘟体简 Abc123

经典趣体

经典趣体简体經典趣體繁體 Abc12

经典空趣体

经典空趣体简經典空趣體繁 Abc12

文鼎潇洒体

文鼎潇洒体 Abc123

汉仪柏青体

汉仪柏青体简漢儀柏青體繁 Abc123

汉仪秀英体

汉仪秀英体简漢儀秀英體繁 Abc123

2.3.4 会意类美术字体

此类字体努力领会所表达字体名称的意境和神韵，力求在形式上符合大多数人的感觉。

文鼎 POP－2 繁

文鼎POP-2繁 Abc123

文鼎海报体繁

文鼎海報體繁 Abc123

汉鼎繁随意

漢鼎繁隨意 Abc123

经典繁随意体

經典繁隨意體 Abc123

汉仪漫步体

汉仪漫步体简漢儀漫步體繁 Abc12

方正平和

方正平和简体方正平和繁體 Abc123

方正粗活意

方正粗活意简体粗活意繁體 Abc123

汉仪醒示体

汉仪醒示体简漢儀醒示體繁 Abc123

汉仪清韵体

汉仪清韵体简 Abc123

文鼎广告体

文鼎廣告體繁 Abc123

文鼎中特广告体

文鼎中特广告体 Abc123

方正流行体

方正流行体简体流行體繁體 Abc123

汉仪凌波体

汉仪凌波体简漢儀凌波體繁 Abc123

汉仪黛玉体

汉仪黛玉体简 Abc123

汉仪神工体

汉仪神工体简 Abc123

汉仪太极体

汉仪太极体简 Abc123

3

英文印刷字体

3.1 字体的分类

3.1.1 英文字符结构

英文字符通常指英文 26 个字母的大小写形式和数字、标点符号及其他外文符号。目前的英文字体已经超过上万种，了解铅字的结构有助于辨认和运用英文字体（见图 3－1）。铸字机铸成的铅活字字身高度是基本一致的，字身宽度则是根据英文字母的宽度而变化。英文铅字的大小一般是指字身的大小，不是指字面（着墨部分）的大小，字身大小是字身上线到字身下线间的距离。计算机排版完全模仿铅字排版的过程，也有字身和字面的区分，所以，字母是界于字身上线和字身下线之间的。

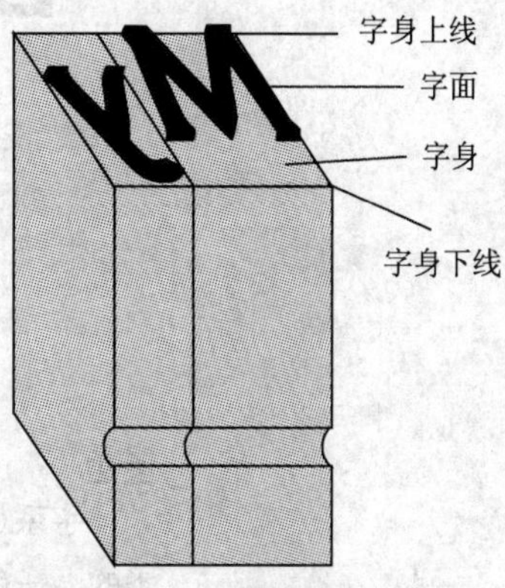

图 3－1　英文铅字图

除此之外，英文的字母在排列时还有以下几条基准线（见图 3－2）。

顶线（Top line）——又称**字面上线或上伸笔画线**（Ascender），是大写字母顶端的线或高于小写字母 x 的小写字母的上伸部分，如：T、h 等字母的上沿。

图 3-2 英文字母位置图

主体线——又称 x 高度线（x-heigh），即小写字母 x 的上沿，如图 3-2 中的 p、g、y、e 等字母的上沿边线。

基线（Base line）——指大多数字母下沿的基础线（见图 3-2），如：T、x、h、e 等字母下沿的基准线。

底线（Bottom line）——又称字面下线或下伸笔画线（Descender），是指一些下伸的小写字母的下沿的边线，如：p、g、y 等字母的下沿边线。

3.1.2 字体属性

成千上万种英文印刷字体大致有三类属性——字族、字系与字型。

字族

字族（Font Family）指字体所属的家族分类，通常分为衬线（Serif）字体、无衬线（Sans Serif）字体、等宽（Monospaced）字体、书写体（Calligraphic）和装饰体（Decor）五类（见图 3-3），等宽字体往往又称作打印（Typewriter）字体。之所以这么分，是基于字体的特征和用途考虑的。

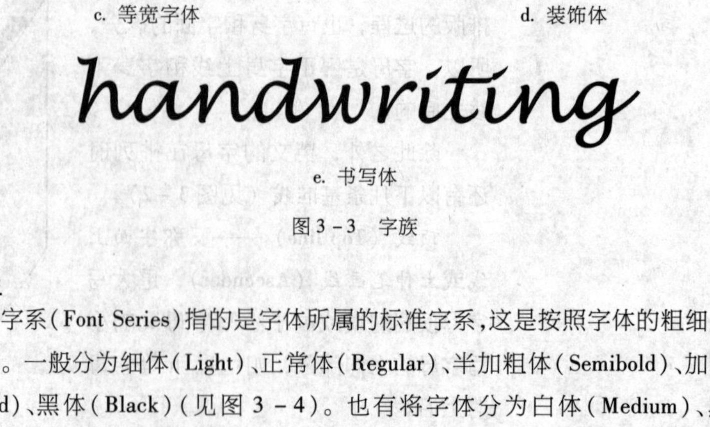

图 3-3 字族

字系

字系（Font Series）指的是字体所属的标准字系，这是按照字体的粗细来分类的。一般分为细体（Light）、正常体（Regular）、半加粗体（Semibold）、加粗体（Bold）、黑体（Black）（见图 3-4）。也有将字体分为白体（Medium）、黑体

(Bold)两类的，白体指的是上述正常体，黑体指的是加粗体。如图 3 - 4 所示，使用计算机算法加粗的字体不如专门设计的黑体美观。

此外，在 Lithos Pro 等字体中还可以选择超细体(Extra Light)。

SiATGW

a. 细体(Light)

SiATGW

b. 正常体(Regular)

SiATGW

c. 半加粗体(Semibold)

SiATGW

d. 加粗体(Bold)

SiATGW

e. 黑体(Black)

SiATGW

f. 使用计算机算法加粗的字体

图 3 - 4　字系

字型

字型(Font Shape)指的是字体所属的标准字型，一般是按照字体的斜度和大小变化来分类的。第一为正体字(Regular、Upright)也称为罗马体(Roman)，字体端正(见图 3 - 5a、图 3 - 5c)；第二为斜体字(Italic)，图 3 - 5b 为 Times New Roman 字体的斜体字；第三为倾斜体(Oblique)，图 3 - 5d 为 New Gothic Std 字体的倾斜体，Letter Gothic Std 字体的倾斜体称为"Slanted"。

abcdefghijklmn

a. Times New Roman 的正体

abcdefghijklmn

b. Times New Roman 的斜体(Italic)

abcdefghijklmn

c. New Gothic Std 的正体

abcdefghijklmn

d. New Gothic Std 的倾斜体(Oblique)

图 3 - 5　字型

在英文字体中，斜体和倾斜体的区分方法并不是很明确，有些字体设计了斜体，有些字体设计了倾斜体，倾斜体的斜度略小于斜体。也有些衬线斜体小写字母"a"和"g"的写法与正体有所区别。不过，斜体明显是重新设计的字体，而倾斜体似乎可以通过计算机的算法实现。

字型除变斜外，也有加宽和变窄的变化，例如在 Myriad Pro 字体中，可以选择变窄（Condensed）字体，而在 Arial 体中，可以选择 Narrow 体。

字型变化中也有小型大写字母（Small Caps）的变化，即将大写字母略微缩小，排印出来不显得生硬和突兀，面目清爽。

字族、字系和字型的各种特征可以重新组合，形成新的字体：白正细体、白正粗体、白斜细体、白斜粗体、黑正粗体、黑斜粗体、标题黑斜体、标题黑正体、斜黑体、细黑正体、名片正黑体、美术正体、美术广告斜体、广告装饰体、广告狭身正体等。

3.2 衬线字体

3.2.1 衬线字体概况

衬线字体（Serif）指字体的笔顺粗细有别，且起始点和中间的笔画相比有所变化。字体特点为主次分明，笔画及起止点有轻有重，具有装饰感。其代表字体为罗马体。罗马体是15世纪由法国人坚森（Nicholas Jenson）所创造，是一种文艺复兴时期由古罗马字发展而成的字体。后来，法国的加拉蒙（Claude Garamond）、英国的卡斯龙（William Caslon）和意大利的博多尼（Giambattista Bodoni）设计的字体至今仍在沿用。《独立宣言》是首次使用卡斯龙字体排印的印刷品。图3-6所示为原始罗马体字体样张。

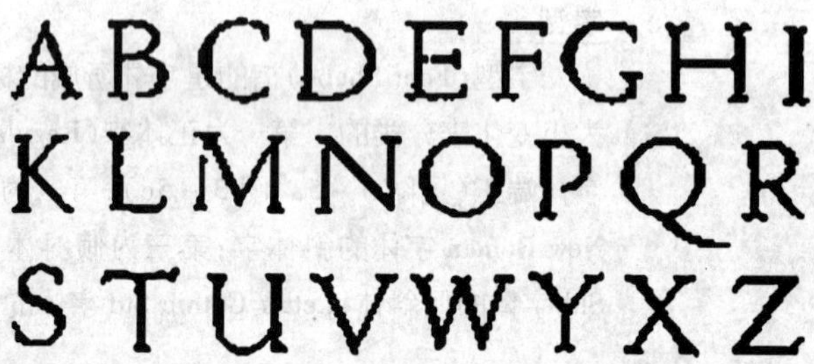

图3-6　原始罗马体字体样张

为了区别18世纪受新古典主义影响而形成的新罗马字体，人们便将前者称作古罗马体，后者称作现代罗马体。老罗马体的结束衬线是圆形的，粗细笔画间的对比相当温和，字面分量也很平均；现代罗马体在粗细笔画间有极大的对比，有明、暗效果，通常衬线直而薄，多为长方形，除了有些角线是圆的外，上升线与下降线通常较长，字母的主笔画较大，易于阅读。罗马体是英文中最为经典和古典的字体，字体精致工整，适合长时间阅读，使用极其广泛。人们至今仍在挖其特征衍生出各种各样的新字体，在笔画粗细对比和衬线长短及弧度等细节上大作文章。

3.2.2 几种典型的衬线字体

<u>Times New Roman</u>

Times New Roman是20世纪30年代设计的衬线字，秉承了罗马字体的雕刻感和典雅感，字型各部分比例匀称，横细竖粗，向右斜线粗，向左斜线细，J的底部收于基线位置（见图3-7）。现已成为运用最为广泛的英文字体，以致中国的英语科技论文的正文大都要求用此字体。

ABCDEFGHIJKLMN
OPQRSTUVWXYZ
abcdefghijklmnopqrst
uvwxyz!£$%#&*){@
1234567890

图 3-7 Times New Roman 字体样张

New Century Schoolbook

New Century Schoolbook 是 Mac 机中的衬线字，以其字型端正、清晰易辨而著称，是专为小学课本设计的字体（见图 3-8），现在已经成为最为人称道的字体。和 Times New Roman 字体的不同之处在于，它的 G 的收笔处多了一小竖，Q 的最后一画为里外相连，R 的末笔为弧线，小写字母的起笔是平起（上一种字体是倾斜起笔），4 的底部多一横，数字凡带弧度的字符多在起或收笔处有点状圆点。

ABCDEFGHIJKLM
NOPQRSTUVWXYZ
abcdefghijklmnopqr
stuvwxyz123456789
0^&Â!@#$%

图 3-8 New Century Schoolbook 字体样张

Garamond

Garamond 因法国字体设计家加拉蒙而得名，16 世纪他因创立了标准打印的罗马形字母而闻名。

ABCDEFGHIJKLMNOP
QRSTUVWXYZ@#%$&
abcdefghijklmnopqrstuvw
xyz1234567890{(

图 3-9 Garamond 字体样张

此种字体比前两种纤细（见图 3 - 9），它的特点在于：J 的底部在基线之下，Q 的末笔向圈外延伸，P 的末笔不封口，数字 6 和 9 均不封口。

Caslon

卡斯龙（1692—1766）是英国人，用铅制作过活字。他设计的这种字体最大的特点在于石雕字符被岁月侵蚀后产生不平滑的边缘，Adobe 公司在旧有卡斯龙字体上设计出 Adobe Caslon 字，其特点为衬线较长，Q 的末尾右向下甩到后一字母的下面，J 的底部低于基线，问号很有个性（见图 3 - 10）。

ABCDEFGHIJKLMN
OPQRSTUVWXYZ
abcdefghijklmnopqrstuv
wxyz1234567890!@%[]-
*()$£Æ¥§ÇÞßæðåø?,”` ~

图 3 - 10　Adobe Caslon 字体样张

Caxton

中文译为卡克斯顿字体。William. Caxton 是 15 世纪人，英国的第一位印刷家。在前几种字体中，M 的两条边是平行的，而此种字体的 M 的两条边是向两侧底部的外部倾斜的，Q 的末笔在外部，小写字母、问号、叹号中的点均为菱形（见图 3 - 11）。

ABCDEFGHIJKLMNO
PQRSTUVWXYZÀÅÉ
ÎÕØabcdefghijklmno
pqrstuvwxyzàåéîõ&
1234567890($£.,!?)

图 3 - 11　Caxton 字体样张

Lucida Bright

此种字体的特点为同一字符中横细竖粗，右上往左下的笔画细，左上往右下的笔画粗，小写字母和标点中的点为方点，Q 的末笔向外延伸（见图 3 - 12）。

ABCDEFGHIJKLMN
OPQRSTUVWXYZ
abcdefghijklmnop
qrstuvwxyz12345
67890*,£¡¥§ÇÞßæð

图 3－12　Lucida Bright 字体样张

Georgia

乔治亚字体（Georgia）是一款《纽约时报》大量使用的正文字体，横细竖粗，右上往左下的笔画细，左上往右下的笔画粗，小写字母和标点中的点为圆点。其最大的特点在于数字的底部不在一条基线上（见图 3－13）。

ABCDEFGHIJKLMN
OPQRSTUVWXYZ
abcdefghijklmnopqrs
tuvwxyz{£$"^&*(#@
1234567890

图 3－13　Georgia 字体样张

Palatino

Palatino 可译为帕拉蒂诺，该字体易于阅读，使用非常广泛。字体特点在于 P 和 R 的圆弧均不封口，Q 的末笔在下端，同一字符也有笔画粗细不同的特点，小写的 h 和 n 的末笔衬线只向右延伸（见图 3－14）。

ABCDEFGHIJKLM
NOPQRSTUVWXYZ
abcdefghijklmnopq
rstuvwxyz&$£!{@#?:
(^%1234567890

图 3－14　Palatino 字体样张

<u>Bookman</u>

Bookman 是一款创立于 1860 年的经典字体，衬线比较凝重，字身有力而耐看。G 的末笔为“T”型，Q 的末笔向外延伸，各种点为圆点，衬线的基座感较强（见图 3－15）。

ABCDEFGHIJKLMNO
PQRSTUVWXYZåâõ<
abcdefghijklmnopqrst
uvwxyz@#$%^&*(£)?>
ňÁÅ1234567890

图 3－15　Bookman 字体样张

<u>Stencil</u>

Stencil 字体笔画较粗，适合作标题，大小写字母相同，字母中心有一条白线将字母分成左右两部分（见图 3－16）。

ABCDEFGHIJKLM
NOPQRSTUVWXYZ
*, £¡¥ÇÞSSÆÐÅØ”
1234567890`’;:!?)

图 3－16　Stencil 字体样张

3.2.3 方正系统中的衬线字体

方正系统中的衬线字体分为白正、白斜、黑正、黑斜四大类，每一类又有不同风格的九种字体。如第一类：白正、白一正、白二正、……白八正；第二类：黑正、黑一正、黑二正、……黑八正；第三类：白斜、白一斜、白二斜、……白八斜；第四类：黑斜、黑一斜、黑二斜、……黑八斜。

方正白正

ABCDEFGHIJKL　abcdefghijkl　1234567

方正白一正

ABCDEFGHIJKL	abcdefghijkl	1234567

方正白二正

ABCDEFGHIJKL	abcdefghijkl	1234567

方正白三正

ABCDEFGHIJKL	abcdefghijkl	1234567

方正白四正

ABCDEFGHIJKL	abcdefghijkl	1234567

方正白五正

ABCDEFGHIJKL	abcdefghijkl	1234567

方正白六正

ABCDEFGHIJKL	abcdefghijkl	1234567

方正白七正

ABCDEFGHIJKL	**abcdefghijkl**	**1234567**

方正白八正

ABCDEFGHIJKL	abcdefghijkl	1234567

方正白斜

ABCDEFGHIJKL	*abcdefghijkl*	*1234567*

方正白一斜

ABCDEFGHIJKL	*abcdefghijkl*	*1234567*

方正黑正

ABCDEFGHIJKL	**abcdefghijkl**	**1234567**

方正黑一正

ABCDEFGHIJKL	**abcdefghijkl**	**1234567**

方正黑一斜

ABCDEFGHIJKL	***abcdefghijkl***	***1234567***

3.3 无衬线字体

3.3.1 无衬线字体概况

无衬线字体（Sans - serif）指字体的笔画起始点和中间粗细相同，起始点和中间的笔画相比没有变化，类似于中文的黑体或等线体。

其代表字体为 Arial，典型字体为 Helvetica、Zurich、Verdana、Lucida Sans、Verdana、Computer Modern Sans 等。字体特色为简洁、严谨、醒目、现代，深受设计家青睐。德国包豪斯学院的贝耶设计的通用字母，雷纳设计的 Futura，赞柏夫设计的 Melier（1952 年）、Optima（1958 年）、瑞士的弗罗弟杰的 Univers 字体、霍夫曼与密丁杰合作的 Helvetica 字体都是历史上赫赫有名的无衬线字体。

3.3.2 无衬线字体的代表字体——Arial 体

Arial 是 Robin Nicholas 和 Patricia Saunders 在 1990 ~ 1992 年设计的一种无衬线字体。它已经成为微软公司软件中的主流字体，在网页设计中更是使用频繁。

这种字体的特点是 M 的起点、中点和末点在同一基线上，Q 的末笔里出外进，点为方点（见图 3 - 17）。

ABCDEFGHIJKLMN
OPQRSTUVWXYZ
abcdefghijklmnopqrs
tuvwxyz(£%^&!@*#$
{>?}1234567890

图 3 - 17　Arial 字体样张

由于 Arial 字体使用广泛，除有斜体（Italic）、加粗体（Bold）、加粗斜体（Bold Italic）外，还繁衍出许多近似字体，主要有以下几种：

Arial Black

顾名思义，此种字体和 Arial 字体的区别在于字的黑度较高，笔画较粗（见图 3 - 18），这种字体也有相应的斜体（Italic）。

ABCDEFGHIJKLMN
OPQRSTUVWXYZ
abcdefghijklmnopq
rstuvwxyz!@$%^&
*({?>#1234567890

图 3－18　Arial Black 字体样张

Arial Narrow

这种字体为 Arial 字体变窄后的衍生字体（见图 3－19）。它也有斜体（Italic）、加粗（Bold）、粗斜体（Bold Italic）几种变化。

ABCDEFGHIJKLMN
OPQRSTUVWXYZ
abcdefghijklmnopqrs
tuvwxyz!@#$%^&*({
?<)}1234567890

图 3－19　Arial Narrow 字体样张

Arial Rounded

这种字体是 Arial 字体的起笔和末笔处加以圆化处理后的变体。和前几种字体的不同之处在于字符中的点为圆点（见图 3－20）。

ABCDEFGHIJKLMN
OPQRSTUVWXYZ
abcdefghijklmnopq
rstuvwxyz12345678
90!"£$%^&*(#{<?

图 3－20　Arial Rounded 字体样张

3.3.3 几种典型的无衬线字体

Helvetica

有人对 Arial 的地位表示不解，认为 Helvetica 字体更加出色，Helvetica 是从其他字体发展而来的，1961 年改成现名，现在已经成为最受欢迎的无衬线字体。Arial 在 PC 系统中多为默认的无衬线字体，Helvetica 则在 Mac 系统中多为默认的无衬线字体。两者基本可以互相替代，真正的差距应该体现在它们的细线版本中。Helvetica 的细线体（light）给人一种非常理性和现代的感觉，曲线非常优雅，它和 Arial 的区别在于它的 G 的末笔垂直到基线，R 的末笔有细微弧度，数字 1 的起笔为平起（见图 3－21）。

ABCDEFGHIJKLMN
OPQRSTUVWXYZ
abcdefghijklmnopqrs
tuvwxyz1234567890
áíéÂêåôó!@#$%^&
*()_+~`{}"[']"

图 3－21　Helvetica 字体样张

Verdana

Verdana 是另一种应用很普遍的无衬线字体，是 1994 年由 Matthew Carter 设计的。微软认为此种字体最适合网页阅读，它和其他的无衬线字体的最大区别在于 I，它的上下均有一小横，而别的都为一竖。M 的中心点并不延伸到基线位置，J 的顶端向左有延伸（见图 3－22）。

ABCDEFGHIJKLMN
OPQRSTUVWXYZ
abcdefghijklmnop
qrstuvwxyz@#$%
&({>1234567890

图 3－22　Verdana 字体样张

Lucida Sans

该字体是 1991 年由 Charles Bigelow 和 Kris Holmes 设计的。它的特点在于 G 的末笔为向上的一条竖线，没有通常的横短线，J 的底部低于基线（见图 3 – 23）。

ABCDEFGHIJKLMNOPQ
RSTUVWXYZ@#$%â&å
abcdefghijklmnopqrst
uvwxyz1234567890

图 3 – 23 Lucida Sans 字体样张

Zurich

Zurich 字体的特点在于 Q 的末笔为底部中心向右平直伸出一条短横，R 的末笔有弧度，逗号为左上粗至右下细的渐细短斜线（见图 3 – 24）。

ABCDEFGHIJKLMN
OPQRSTUVWXYZÀ
abcdefghijklmnopq
rstuvwxyzàåéîõÅÉÕ
1234567890($£.,!?)

图 3 – 24 Zurich 字体样张

Optima

Optima 是一款 1958 年设计的无衬线字，但融合了大量的衬线字的特点，含有粗与细的线条，常用于排印书籍的内文。一些媒体用它代替正文中的罗马体，称其外观整洁，更易于阅读。此种字符向左的斜线略细于向右的斜线，M 的两条边有倾斜，J 低于基线，点为圆点，Q 的末笔向右下直线延伸（见图 3 – 25）。

ABCDEFGHIJKLMNOPQ
RSTUVWXYZ*, £¡¥§ÇPß?
abcdefghijklmnopqrstuv
wxyz1234567890ðåø`"'

图 3 – 25 Optima 字体样张

Trebuchet

Trebuchet 字体专为屏幕阅读而设计，其突出特点为 g 的下面的圈不封口，M 的左右边不平行，点为圆点，i、j 圆点下的起笔均向左延伸，l 收笔处向右有延伸（见图 3－26）。

ABCDEFGHIJKLMNOPQ
RSTUVWXYZ@#$%^&Å
abcdefghijklmnopqrst
uvwxyz1234567890Á£

图 3－26　Trebuchet 字体样张

Gill Sans

Gill Sans 字体最初是铁路上使用，现在用于标志、广告和时刻表。特点是 g 为上下两个圈，J 的收笔低于基线，M 的中心点没有延伸到基线处。数字 1 为一条竖线。叹号字身竖线为一中间粗两头细的纺锤形（见图 3－27）。

ABCDEFGHIJKLMNOP
QRSTUVWXYZňÁÅåõ
abcdefghijklmnopqrstuv
wxyz@#$1234567890!

图 3－27　Gill Sans 字体样张

Tahoma

Tahoma 是一种优秀的电脑屏幕用字。其特点是 Q 的末笔有一弧形短线，M 的中点没有向下延伸到基线，点为方点，I 的上下皆有左右短横，J 起笔处向左延伸，数字 1 的底部有左右短横（见图 3－28）。

ABCDEFGHIJKLMNOP
QRSTUVWXYZ@#$%
abcdefghijklmnopqrst
uvwxyzõ1234567890

图 3－28　Tahoma 字体样张

Futura

Futura 意为未来，它有比较多的系列字体。此种字体的最大特点在于骨感强烈，a 为一个圈的右边有一竖，b、d、h、k、p、q 等字符的竖线均有继续往上和下的延伸感，j 和 i 的区别在于竖线更长，t 的字形为一个十字形，数字 1 为一个短横后直接下伸的图形，问号为一反 S 形加圆点（见图 3－29）。

ABCDEFGHIJKLMN,
OPQRSTUVWXYZ*?)
@£¡¥§ÇÞßæðåø`"';:!
abcdefghijklmnopqrst
uvwxyz1234567890

a. Futura book

ABCDEFGHIJKLMNOPQRSTUVWXYZ£¥§;:!?
abcdefghijklmnopqrstuvwxyz1234567890

b. Futura Light Condensed

ABCDEFGHIJKLMNOPQRST
abcdefghijklmt1234567890

c. Futura Heavy

图 3－29　Futura 字体样张

Century Gothic

Century Gothic 字体的很多特征都和 Futura 相同，如 t 和问号的特征。不同之处在于 j 的末笔有向左拐的小弯，字碗的大小也大于 Futura 字体（见图 3－30）。

ABCDEFGHIJKLMNOP
QRSTUVWXYZ@#$&£Á
abcdefghijklmnopqrst
uvwxyz&£1234567890?

图 3－30　Century Gothic 字体样张

3.3.4 方正系统中的无衬线字体

在方正系统中，无衬线字体被称为方头体。方正方头体分为白体和斜体两组。下面列举的是方头正体从方一正到方九正和方头斜体的样张。

方正方头正

ABCDEFGHIJKL	abcdefghijkl	1234567

方正方头斜

ABCDEFGHIJKL	*abcdefghijkl*	*1234567*

方正方一正

ABCDEFGHIJKL	abcdefghijkl	1234567

方正方二正

ABCDEFGHIJKL	abcdefghijkl	1234567

方正方三正

ABCDEFGHIJKL	abcdefghijkl	1234567

方正方四正

ABCDEFGHIJKL	abcdefghijkl	1234567

方正方五正

ABCDEFGHIJKL	**abcdefghijkl**	**1234567**

方正方六正

ABCDEFGHIJKL	**abcdefghijkl**	**1234567**

方正方七正

ABCDEFGHIJKL	**abcdefghijkl**	**1234567**

方正方八正

ABCDEFGHIJKL	**abcdefghijkl**	**1234567**

方正方九正

ABCDEFGHIJ	**abcdefghij**	**123456**

3.4 等宽字体

3.4.1 等宽字体概况

衬线字体与无衬线字体相比，前者强调的是单词，后者强调的是单个的字母；前者类似于汉字中的宋体，后者近似于汉字中的黑体。因此，前者通常用于文章的正文，后者通常用于标题或页眉。以上两种字体每个字用的长宽比不同，“m”一定宽于“l”，打印出来很难对齐，于是便产生出一种专为打印美观而设计的等宽字体（Monospace）——打印机体（Typewriter）。

3.4.2 几种典型的等宽字体

等宽字体是指每个字符宽度都一样的字体。一般英文字体的每个字母宽度都不相同，例如：i 的宽度和 w 的宽度相差很大，等宽字体要求每个字符等宽，以便版面有整齐的边缘和便于计算。Courier 是最常用的等宽字体。等宽字体也可以是衬线或者无衬线字体，比如 Courier 就是一种衬线字体。等宽字体在显示或打印时，左右对齐，比较美观。字符在倾斜或出特殊效果时，屏幕显示中的字符不会重叠。其代表字体为 Terminal、Courier、Lucida Sans Typewriter、Letter Gothic。

<u>Courier</u>

Courier 作为另一种等宽字体的代表，是 1956 年由 Howard Kettler 设计出来的。它的特点为衬线较长，字身各笔画粗细相同，W 的中心点没有降到下缘线，带圆形的小写字母旁的竖线起点和终点均有比较夸张的横向短线，如字母 b、d、g、p（见图 3－31）。

ABCDEFGHIJKLMNOPQ
RSTUVWXYZ
abcdefghijklmnopq
rstuvwxyz`"@£¡¥§Ç
Þßæðåø0123456789

图 3－31　Courier 字体样张

<u>Terminal</u>

Terminal 是微软内嵌在操作系统中的点阵字体，专门用于屏幕显示。从图 3－32 的样张可以看出，用 9 磅在屏幕上显示时变成了较细的点阵字体。

ABCDEFGHIJKLMN
OPQRSTUVWXYZ
abcdefghijklmn
opqrstuvwxyz!@
1234567890

ABCDEFGHIJKLMN
OPQRSTUVWXYZ)?
abcdefghijklmn
opqrstuvwxyz!@
1234567890

图 3-32 Terminal 字体样张

Lucida Sans Typewriter

该字体是 1991 年由设计师 Charles Bigelow 和 Kris Holmes 设计，作为一种著名等宽字体，其特点是醒目和粗壮，J 的起笔处向左延伸，M 和 W 的中点均在中部附近，l 的起笔处向左延伸（见图 3-33）。

ABCDEFGHIJKLMN
OPQRSTUVWXYZ
abcdefghijklmn
opqrstuvwxyz12
34567890#$&£?!

图 3-33 Lucida Sans Typewriter 字体样张

Letter Gothic

Letter Gothic 以其苗条的身姿和素净的面孔独树一帜。其特点是 G 的末笔为向下有一短竖，J 的起笔处有向左的横线，Q 的末笔为椭圆圈的右下部向右下角短线，M 和 W 的中点在字符的上下左右居中，i、j 圆点下的起笔处均向左延伸，J 的下部弧度等于字宽（见图 3-34）。

ABCDEFGHIJKLMNOPQ
RSTUVWXYZ*,@£¡¥§Ç
Þßæðåøabcdefghijk
lmnopqrstuvwxyz`"
';:!?)01234567890

图 3-34 Letter Gothic 字体样张

3.5 书写体

3.5.1 书写体概况

和中文一样，英语中的书写体（Script）也是模仿人用笔手书的效果来设计的字体。书写体大致有三类：花体、草体和手书体。花体字型较黑，是一种古老的字体，字母密集，呈方型，带棱角与花饰。草体（Cursive）和另两种书写体的区别是笔画飞扬，有一气呵成感，小写字母有的形成连写，曲线感和弧线感较强，有时字母向右倾斜。手书体（Handwriting）起始笔处装饰性弱，字型不大端正，也有连写和不连写两种字型，其代表字体为 Comic Sans、Lucida Handwriting。

3.5.2 花体

有人认为花体字是一种字母线条最为奔放和潇洒的英文字体，甚至将它的英文误为“Fantasy”，由此判断这是一种装饰字体。这是一种误解。其实，花体字的英文为 Black Letter，也称“哥德体”（Gothic Script）。它是文艺复兴时期德国兴起的一种拉丁文书写体，因其像哥特式建筑而得名，后在中国内地称之为歌德体（中国台湾省称哥特体），有书写烦琐和不易辨认的缺点。起源于 12 世纪欧洲手抄本，《圣经》的普及同时普及了花体字，17 世纪宗教传播改用清晰易读的现代拉丁字体，花体字开始淡出历史舞台。1941 年，纳粹宣布禁用花体字，花体字“正式”丧失支配地位。现在，除了数学中的拉丁符号外，在书刊装帧以及广告、商标、招牌等的装潢中，花体字还有独特的地位。

Fraktur

Fraktur（德语）字体由于是神职人员手执鹅毛笔书写经文发展而来，于是在粗细和角度上特色鲜明（见图 3 – 35）。

图 3 – 35 Fraktur 字体样张

3.5.3 草体

草体字有些看起来瘦弱而优雅，有些看起来强壮而粗旷，有的字约向前倾斜 22 度。草体是由修道士们的手抄本笔画慢慢发展而成，多用于广告、通告和邀请函上，贺卡有时也用草体设计。Cursive 字体通常很难在屏幕上阅读，一般情况下不鼓励使用。需要注意的是，草体不是中文草体书的概念，不一定都有连写，在印刷辞典中，草体被定义为一种模仿手写体的印刷字体。

LTC Goudy Oldstyle Cursive

LTC Goudy Oldstyle Cursive 作为一款老式草体，很能说明这一类字的字体特征。起笔和收笔处均有较夸张的向外翻飞的笔触，像 O 这样比较封闭的字符，它也能被设计出向内翻飞的花形。Q 更是被设计成一笔呵成的字形。但需要注意的是，数字还是比较规矩的（见图 3－36）。

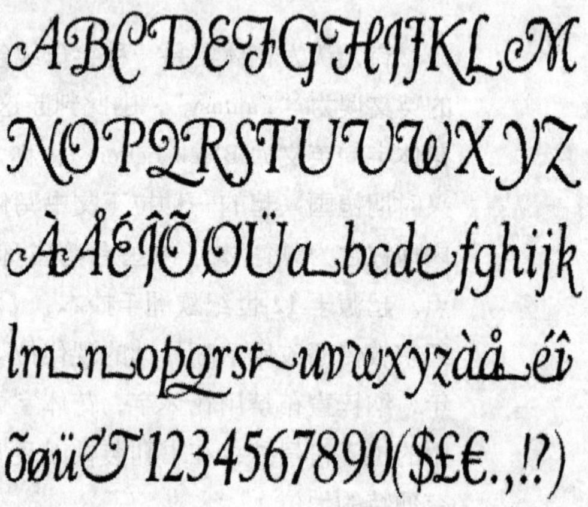

图 3－36　LTC Goudy Oldstyle Cursive 字体样张

Italian Cursive

Italian Cursive 是一款意大利风格的字体（见图 3－37）。

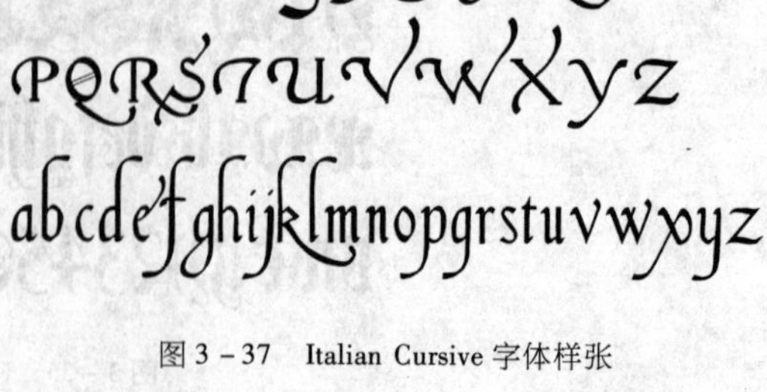

图 3－37　Italian Cursive 字体样张

3.5.4 手书体

手书体中的代表字体 Comic Sans 一般用于轻松活泼的内容，它较好地保留了手书中不规则的顿挫感和质感。其特点是笔画缺少一种横平竖直的感觉，有歪斜感，t 为十字形，字身粗细相当（见图 3－38）。

ABCDEFGHIJKLMNOP
QRSTUVWXYZ£)?!$%
abcdefghijklmnopqrstu
vwxyz};'&1234567890

图 3－38 Comic Sans 字体样张

Lucida Handwriting

Lucida Handwriting 看起来更加的流畅和自由。有倾斜角度，小写有连笔，每一笔画基本线条的粗细均有变化，B、D、P，R 和数字 4 均不封口（见图 3－39）。

ABCDEFGHIJKLM
NOPQRSTUVWXYZ
abcdefghijklmnop
qrstuvwxyz 123456
7890^&Â!@#$%

图 3－39 Lucida Handwriting 字体样张

Brandy Script

Brandy Script 是 PC 和 Mac 机中的一款著名的手写体（见图 3－40）。

ABCDEFGHIJKLM
NOPQRSTUVWXYZ
*()_+~'{}abcdefghijkl
mnopqrstuvwxyz

图 3－40 Brandy Script 字体样张

3.6 装饰体

3.6.1 装饰体概况

装饰体（Decorative）是指字体在装饰效果上特点比较突出的字体。一般说来，字体结构复杂，效果突出，通过变化加工，达到引人注目、富于感染力的艺术效果。装饰体的形式多种多样，其变化形式主要有外形变化、笔画变化、结构变化、形象变化等多种。由于它脱离了印刷体的束缚，自由发挥的空间最大，突出的特征便于人们加深印象，加上广告的发展，很多专为广告设计的有些夸张的字体便被层出不穷地设计出来。传统的装饰体有象形文字、节日字体、点状字体、卡通字体、滑稽字体、空心字、立体字，现在，各种特殊变形的字体家族越来越壮大，求新求变，出现了流血字体、恐怖字体、涂鸦字体、怪异字体、3D 字体等，有力地配合了各种阅读口味的版面。

3.6.2 传统装饰体

Desdemona

Desdemona 字体的特色如图 3－41 所示。

图 3－41 Desdemona 字体样张

Impact

Impact 字体以其黑色的重量感获得了独特的地位（见图 3－42）。

图 3－42 Impact 字体样张

Kino

Kino 字体的设计师 Martin Dovey 在 1930 年就大胆地对字符进行着掐头去尾的设计（见图 3－43）。

ABCDEFGHIJKLMNO
PQRSTUVWXYZ* ,$@
£¡¥§ÇÞßæðåø';:!?)
abcdefghijklmnopqrst
uvwxyz1234567890`"

图 3－43　Kino 字体样张

3. 6. 3　3D 字体

Gunplay 3D

Gunplay 3D 字体可以用作大标题（见图 3－44）。

ABCDEFGHIJKLMN
OPQRSTUVWXYZ
abcdefghijklmnop
qrstuvwxyz*()_+

图 3－44　Gunplay 3D 字体样张

Imprint MT Shadow

ABCDEFGHIJKLMN
OPQRSTUVWXYZ
abcdefghijklmnopqrstu
vwxyz1234567890`"';:!
?)*,@¡¥§ÇÞßæðåø

图 3－45　Imprint MT Shadow 字体样张

3.6.4 卡通字体

Akbar

Akbar 字体如图 3－46 所示。

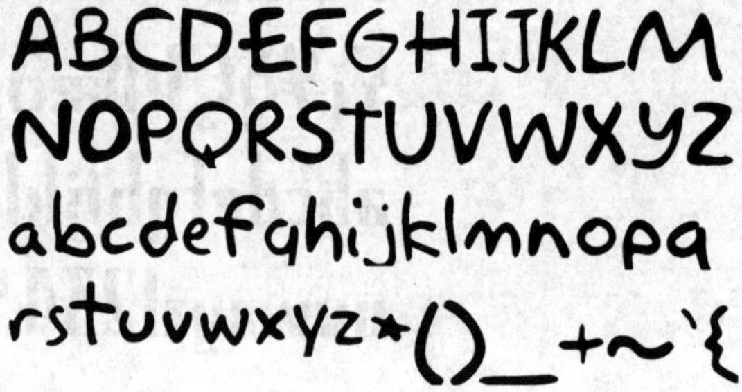

图 3－46　Akbar 字体样张

3.6.5 滑稽字体

Bite Me

Bite Me 字体如图 3－47 所示。

图 3－47　Bite Me 字体样张

EDB Indians

EDB Indians 字体如图 3－48 所示。

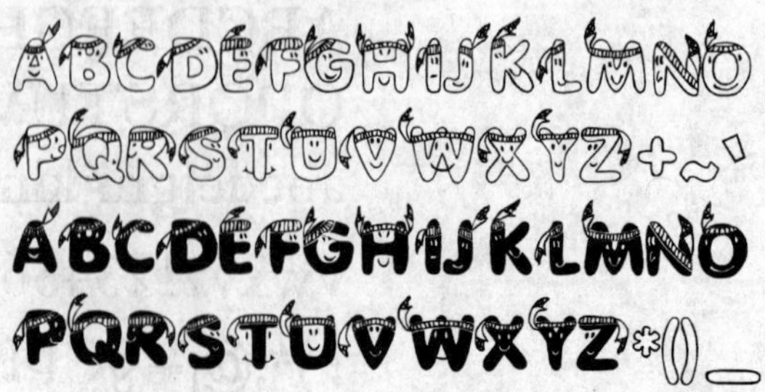

图 3－48　EDB Indians 字体样张

3.6.6 电脑字体

Fortuna Dot

Fortuna Dot 字体如图 3－49 所示。

图 3－49 Fortuna Dot 字体样张

3.6.7 奇异字体

Bizarro

Bizarro 字体如图 3－50 所示。

图 3－50 Bizarro 字体样张

Cottonwood

Cottonwood 字体如图 3－51 所示。

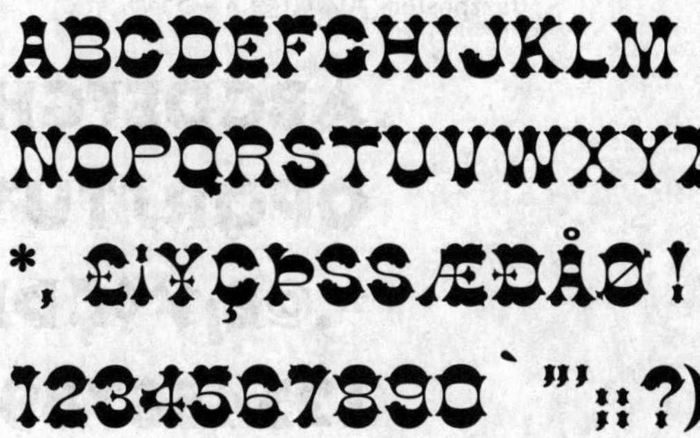

图 3－51 Cottonwood 字体样张

Bermuda

Bermuda 字体如图 3－52 所示。

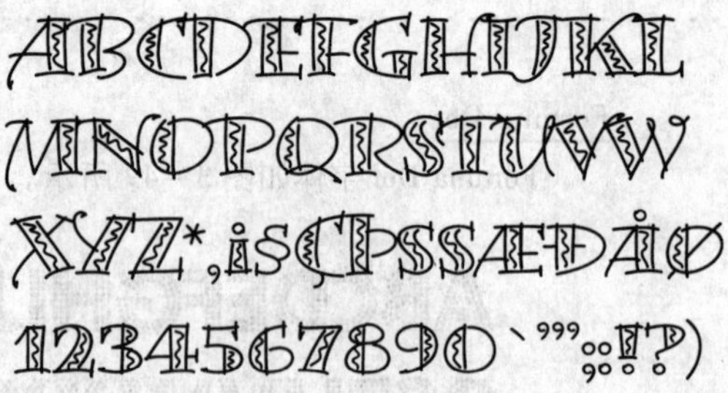

图 3－52　Bermuda 字体样张

Echo

Echo 字体如图 3－53 所示。

图 3－53　Echo 字体样张

Purple Tentacle

Purple Tentacle 字体如图 3－54 所示。

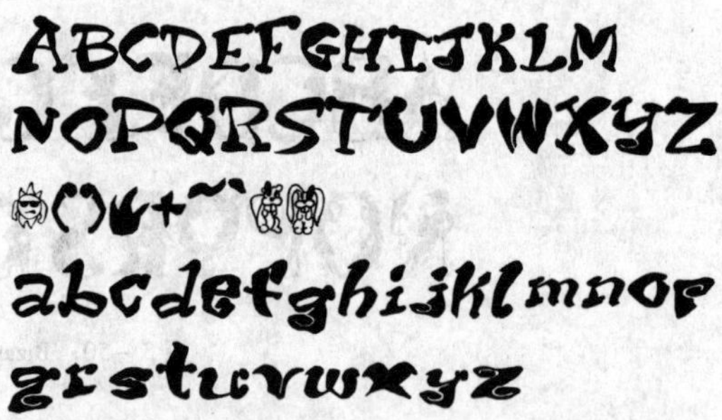

图 3－54　Purple Tentacle 字体样张

Jazzposter

Jazzposter 字体如图 3－55 所示。

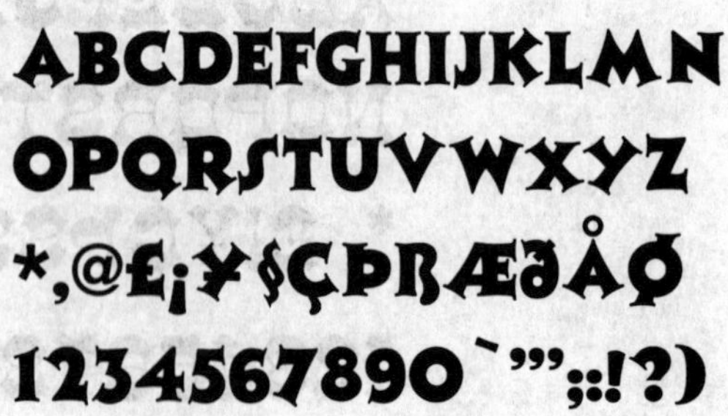

图 3－55　Jazzposter 字体样张

3.6.8 象形字体

雨滴字体

Acquaintance 字体如图 3－56 所示。

图 3－56　Acquaintance 字体样张

油漆字体

Rocky 字体如图 3－57 所示。

图 3－57　Rocky 字体样张

花朵字体

Flores 字体如图 3－58 所示。

图 3－58　Flores 字体样张

卡其布字体

Khaki 字体如图 3－59 所示。

图 3－59　Khaki 字体样张

哎唷字体

Ouch 字体如图 3－60 所示。

图 3－60　Ouch 字体样张

虎牙字体

Tigerteeth 字体如图 3－61 所示。

图 3－61　Tigerteeth 字体样张

斑马木字体

Zebrawood 字体如图 3－62 所示。

图 3－62　Zebrawood 字体样张

Cutout

Cutout 字体如图 3 – 63 所示。

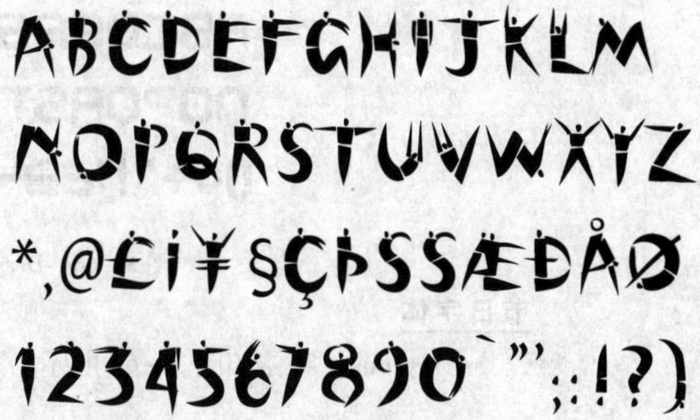

图 3 – 63 Cutout 字体样张

3.6.9 表意字体

涂抹字体

Eraser 字体如图 3 – 64 所示。

图 3 – 64 Eraser 字体样张

Curlz

Curlz 字体如图 3 – 65 所示。

图 3 – 65 Curlz 字体样张

未来字体

Despair 字体如图 3－66 所示。

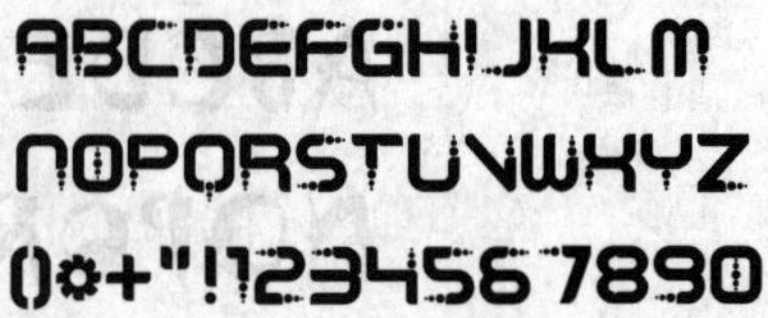

图 3－66　Despair 字体样张

节日字体

4 My Lover 字体如图 3－67 所示。

图 3－67　4 My Lover 字体样张

音乐字体

Musicals 字体如图 3－68 所示。

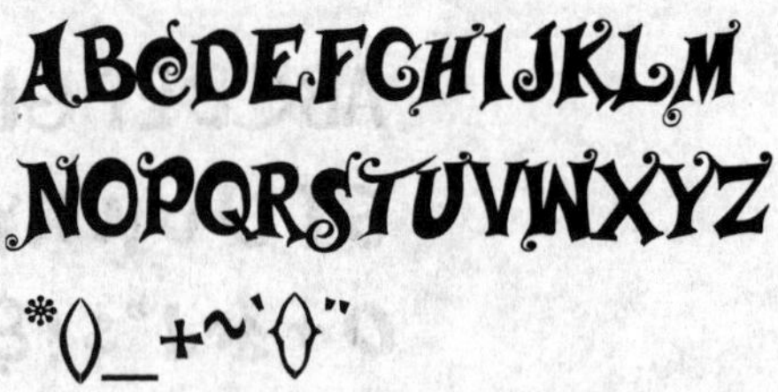

图 3－68　Musicals 字体样张

3.6.10　标志字体

Loki Cola

Loki Cola 字体作为一款可口可乐标志用字的装饰体名声赫赫（见图 3－69）。

图 3－69　Loki Cola 字体样张

3.7 英文字体的辨识与应用

3.7.1 辨识

常用汉字至少有3000个，创建一套汉字字体难度很大。而英文是52个大小写字母加23个阿拉伯数字及特殊字符，因此，75个元素基本可以创建一套字体。我们很难识别成千上万种英文字体，更谈不上运用了。好在现在有网络，不认识的英文字体可到网络上去认知。

区分相近英文字体的几个要点是：

1. 几个关键字符是否封口？这几个字符是：4、R、P。

2. 是否为衬线字符？字端有装饰的为衬线字符，无装饰的为无衬线字符。

3. 字符的顶端或终端有无衬线及其走向是什么？可根据字符末端的衬线方向来分辨。如字母G的末笔衬线有的向左延伸，有的向右延伸，有的没有延伸，有的在右下角有延伸。也可根据中间的衬线走向来分辨，如字母E。还可根据顶端有无衬线及衬线的走向来分辨，如字母A。

4. 是否为规则的几何形还是硬笔手写效果？

5. 末笔的位置是什么？如Q的末笔，Arial中Q的末笔内外延伸，Times New Roman中Q的末笔向外延伸，有的字体中Q的末笔向内延伸，有的在圈外断开处。

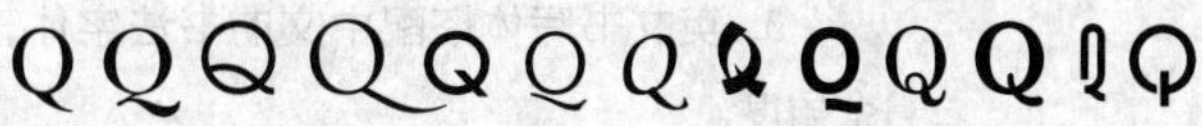

6. 基线与字符的位置关系是什么？比如M及W的中部顶端或底端是否与上下线齐平，大写的J在基线中的位置是不同的。

小写字母i、j、k、l可从中间断成两组，前一组的顶端和后一组的顶端有的平，有的前高，有的后高。

7. 是否平滑？如数字3、字母s和字母o，大部分字体为平滑弧度，有的则是有侵蚀或毛刺效果。

8. 是空心还是实心？

9. $的形态是哪一种？例如美元符号$可为如下的哪种写法：$、$、$、$、$。

10. 细部特征的外形如何？如小写字母i和问号？上的点的形状可分为圆点、方点、菱形点和无点。大写字母M两端边线是否倾斜？

把这些问题回答出来，那么你要识别的字体就从上千种相近字体中脱颖而出了。

3.7.2 英文字体的应用原则

1. 一个页面上不要超过 3～4 种字体。道理很简单，多则乱，少则明。

2. 标题用字统一规范。大标题一般使用无衬线字体，这使它更加吸引读者的注意力。对于小标题，可以使用 Bold 的衬线字体或者无衬线字体。普通正文使用衬线字体。着重处用 Bold，引用处用 Italic。

3. 除非万不得已，不要随便在词句中改变字体。

4. 印刷用字可以多用衬线字，细部的细节构成的整体感便于阅读。屏幕用字最好用无衬线字。网页上的用字一般以无衬线字为基础。

5. 打印机用字和编码用字最好用等宽字体。

6. 书写体和装饰体用于强调或效果部分的文字，或用作广告、标牌用字。

3.7.3 中英文混排

英文在中文媒体或实践中应用得越来越广泛，中英文字体的搭配便成为一个不能忽视的问题。要想设计出精美和谐的页面，便更需要选择好搭配的中英文字体。一般字体的搭配方法为：

1. 衬线字体搭配中文的楷体或宋体。

2. 无衬线字体通常搭配中文黑体、圆头体。

3. 英文书写体搭配中文的书法字体，必要时可以将中文字体倾斜出一个角度。

通常，在一些成熟的中文软件中，大都有中英文搭配的选择建议。

4 印刷字体的度量

4.1 磅数制

4.1.1 早期磅制

磅制的定义及起源

磅数制又称点制、点数制，是英文 Point 的音译，它是印刷业描述印刷字体大小的专用尺度。

最早记载的磅制是法国国家印刷局定义的，1 Point（法国国家印刷局）=0.4mm，今天已经被废除了。

1694 年，法国的 Truchet 提出以法国皇家尺的 1/12 的 1/12 为 1 磅，即 1 Point（Truchet）=1/144 尺 =0.188mm （1 法国皇家尺 =27.072mm），但这种磅制从没有被印刷厂承认过，今天也早已经消失了。

佛氏磅制

1737 年，法国铸字者佛尼尔（Pierre Simon Fouroier）制定了一种度量铅字（西赛罗——Cicero）大小的单位，称为佛氏磅制。

1 佛氏点 =1 英寸（佛氏英寸）/72

1 西塞罗（Cicero）=1 个铅字 =1 英寸（佛氏英寸）/6

值得注意的是，那时法国的长度度量单位是英寸，但这个英寸并不是我们现在使用的英寸，它的长度是以 6 个铅字为基准制定的，即 1 英寸 =6 个铅字。查看 1790 年以前长度度量标准的历史我们才发现，那时的长度单位往往是从当时的生活环境中选取长度的计量标准的。例如，以手指关节的长作为英寸，以千步作为里等，这样来确定计量单位，虽然缺乏合理性，但便于当时人们理解及沟通。

中国的度量制也有这种情况，尺与现代公制的关系从商代到清代各代都不同，1 尺的长度从 16 ~ 35. 5cm 都有。甚至每个行业都不同，例如清代量衣、盖房、量地，尺的长度都不一样。到了 1790 年，法国的一位科学家他雷兰提出了制定一个世界各国通用单位的建议。1795 年，法国的学者取得世界各国的同意，把地球子午线上从北极到赤道的长度的一千万分之一作为长度的单位，叫做 1 米。当时的科学技术还很不发达，测量了整整 7 年，实际还只是测量了西班牙的巴赛罗纳与法国的敦刻尔克之间的距离，通过计算得到了最初的 1 米。

由此，佛尼尔当时将最普通的 12 个铅字的长度定为 2 英寸（佛氏英寸）也就不足为奇了。

这个英寸与现在的公制到底有什么样的换算关系呢？笔者无从查起，但佛尼尔将每英寸分为 72 等分命名为磅的这一思想一直延用至今。因为 72 这个数字能够被许多数整除，这为组版时各种大小铅字的换算提供了方便。这种磅制称为佛氏磅制，西塞罗从此成为排版时度量版面长度的单位。

4.1.2 欧洲大陆磅制（第氏磅制）

1770 年，法国铸字者第道（Didot）以当时法国皇家尺为标准，按照佛尼尔的方法制定了欧洲大陆磅制。他将法国皇家尺的 1/12 定为 1 英寸，每英寸分为 72 磅。

1 英尺（法国皇家英尺）＝12 英寸（法国皇家英寸）

1 英寸（法国皇家英寸）＝72 磅（Didot）＝27. 07mm

1 磅（欧洲大陆 Didot）＝0. 3759722222mm＝1/67. 558182491 inch

第道磅制的缩写为 ptD。

这为组版时各种大小铅字的换算提供了方便。他还将一个标准活字（西塞罗）定为 12 磅，用以计算版面行长。现在欧洲大陆多采用这种磅制。

4.1.3 英美磅制

1886 年，美国决定用当时的一个标准铅字（派卡——Pica）的长度为标准，每派卡分成 12 等份，每份为 1 磅。ATA（American Typefounders Association 美国铸字工人联合会）也制定了自己的磅制，也叫 Anglo-Saxon 磅制。

1 派卡（Pica）＝12 磅（英美）＝4. 21752mm

1 磅（英美）＝0. 3514598mm

1 Point（ATA）＝0. 3514598 mm＝0. 013837 inch＝1/72. 27000072 inch

这个协定被美国和英格兰的印刷工人采纳，并且被那些金属铸字印刷者采用，称为英美磅制。

4.1.4 PostScript 磅制

Adobe 公司开发了一系列专业的排版软件和图像处理软件，开发者 Jim Warnock、Charles Geschke 觉得将磅设计成 1/72.27000072inch 是很麻烦的，于是他们定义了 PostScript 磅制。

1PostScript 磅 = 1/72 inch = 0.352777777 mm（"7"是无穷循环小数）

也有人把 PostScript 使用的磅称为 big point（缩写为 bp）或新英美磅制。

这一磅制系统被广泛地用在今天几乎所有的计算机软件中。Adobe 的软件中（PageMaker、InDesign、Photoshop……）使用这种制度；微软的 Office 系列软件中也用这种制度。方正排版系统一开始不是使用这种制度，新开发的方正飞腾以及高版本的书版排版软件都使用这一制度。Word、PageMaker、CorelDRAW、Photoshop、Quark 等软件中的磅数制与此相同。

1 Pica（PostScript）= 4.233333333 mm = 12 Points（PostScript）

4.1.5 一些排版软件中的磅制

TeX 中的磅制

TeX 是科技人员经常使用的排版软件，排科技类的书很方便。TeX 中的磅制源于英美磅制，软件的开发者因 72.27000072 比较难记，将 72.27pt 定义为 1 英寸，新定义的 TeX 磅不仅好计算，而且容易记住。因这种方法与英美磅制（ATA）差异很小，很多人把 TeX 磅制误当成 ATA 磅制，因此也经常在其他场合当做英美磅制使用。

1 Point（TeX）= 0.3514598035 mm = 1/72.27 inch

1 Pica（TeX）= 4.217517642 mm = 12 Points（TeX）

Word 中的磅制

Word 是微软的 Office 家族中的主要成员，磅数制当然也是采用 PostScript 磅制。

Word 文档中字体的"磅"值介于 1 ~ 1638 之间，也可以使用小数，但小数点后只能是".0"或".5"的数值。因此，从理论上讲，Word 中的字体大小共有（1638 + 1637 = 3275）种。

在任何一个版本的 Word 中都能随意设定字号，具体方法是：将需设定字号的文字选中后，在"格式"菜单中选择"字体"，选中（或删除）原有的字号，键入所需的字号，然后按回车键即可。

方正排版系统中的磅制

方正书版 7.0 及以前的版本将磅数制定义为：1 磅 = 0.3493mm。

在方正排版系统中，方正书版 9.0 以上版本、维思 3.0 以上版本、飞腾排版软件都采用了 PostScript 磅制。

PageMaker 中的磅制

PageMaker 在自定义磅数时，选择 4 ~ 650 之间的磅数，最小精度可以设到小数点后一位。PageMaker 中磅制用 PostScript 磅制，在软件中使用的缩写是 pt，其中也有用 Pica 作为单位的时候，其页面最大宽度可以设到 42 英寸。

其表示方法举例如下：

1000mm = 2834. 6pt = 236P2. 6 = 221C8

其中，236P2. 6 指的是 236 派卡零 2. 6 磅，221C8 则指的是 221 西塞罗零 8 磅。

Quark 中的磅制

Quark 中磅制用 PostScript 磅制，使用的缩写是 pt，也有用 Pica 作为单位的时候，其页面最大宽度可以设到 48 英寸。其表示方法举例如下：

1000mm = 2834. 646pt = 236P2. 646 = 219C8. 048

其中，236P2. 646 指的是 236 派卡零 2. 646 磅，而 219C8. 048 指的是 219 西塞罗零 8. 048 磅。

在 Quark 的“偏好设定”菜单中，我们不但可以选用毫米、磅、西塞罗作为单位，而且还可以自己设定磅与英寸的关系以及西塞罗与英寸的关系。当缺省时，1inch = 72pt，1cm = 2. 1967 Cicero（注意：这个缺省值 1 磅 = 0. 37935mm，是一个人为定义的磅数制，近似等于第道磅制）。

网页中的磅制

网页中文字大小的度量与印刷中大不一样。在网页制作中，也有磅这个单位，但遗憾的是，这个磅很难讲到底是多少毫米。影响磅的绝对尺寸的因素主要有以下四点：

1. 与显示器的大小有关。同一磅数的字，用投影大屏幕显示和用 15 寸显示器显示，字的绝对尺寸会相差十几倍，但是却没有人会感觉到这种差距，相反，人们还是感觉字是一样大的。

2. 与显示分辨率有关。显示器常用的显示分辨率有 800 像素 ×600 像素、1024 像素 ×768 像素、1280 像素 ×1024 像素等几种，设置的显示分辨率越高，人的视觉感觉文字越小。这进一步证明了人对网页中文字大小的感受是与文字和显示器的相对比例相关的。

3. 与浏览器的设置有关。在浏览器中的“查看”菜单中有一个“文字大小”的选项，可以有“最大”、“较大”、“中”、“较小”、“最小”五种选择。同一文字在浏览器中选择“最大”和“最小”会导致字号有五级的差距。之所以在浏览器中有这样的设计可能就是因为当不同计算机显示分辨率不同，为达到相近的显示效果而设计的，也可能是给年岁大的视力不好的人准备的。

4. 网页中的文字大小单位。由以上三点可以看出，在网页中要搞清楚 1 磅等于多少毫米是毫无意义的。不过，有一点是制作网页的人需要注意的：9pt，10. 5pt 和 12pt 的汉字显示效果比较好，这是因为在计算机所使用的 Truetype 字中嵌入了优化过的点阵字体。当选用这些字体设计网页时，字型效果和阅读效果最佳。

4.2 号数制

4.2.1 字号的起源

活字排版印刷术发明以后，汉字的大小尺寸一直没有一个统一的规格，直到1858年，才由美国的 William Gamble 根据美国当时铅字的大小制定了汉字大小的标准，称为字号。最初字号为7种不同规格，如表4-1所列。

表4-1 早期字号的定义

字号	中文名称	英文名称	折合磅数
一号	显　字	Double pica	28p （两个四号字）
二号	明　字	Small double pica	21p （两个五号字）
三号	中　字	Two-line brevier	16p （两个六号字）
四号	行　字	English	14p
五号	解　字	Small Pica	10.5p
六号	注　号	Brevier	8p
七号	珍　字	Small ruby	5.25p（五号字的1/2）

4.2.2 字号序列

由表4-1中大致可以看出，号数制最大的缺点就是不同字号之间没有线性倍数关系，即一号字并不等于二号字的两倍，只能说一号字比二号字大，二号字比三号字大，铅排字号大小可分为以下几个序列：

五号序列：二号、五号、七号；

六号序列：三号、六号；

四号序列：一号、四号。

随着铅字排版技术的发展，仅有这7种字号已无法满足排版的需要，后来又增加了一些字号，如初号（五号字的四倍）、小五号（又称新五号）等。

在五号序列中增加了初号，在四号序列增加了小六号，同时，增加了小五号序列，包括小初号、小二号、小五号、八号，增加了小四号序列，包括小一号、小四号。

下面是将方正排版系统中的字号按序列分组后的样张，读者可根据此样张对字号大小进行度量。请注意：方正排版系统中的字号序列与前述铅字的字号序列和 Word 的字号序列不完全相同。

四号序列

小六号

小六号□ 8 12 16 20 24 28 32 36 40 44 48 52 56

四号

四号□4 8 12 16 20 24 28

一号

一号□4 8 12 14

特大号

特大号□5 6 7

五号序列

小七号

小七号□ 8 12 16 20 24 28 32 36 40 44 48 52 56 60 64 68 72

五号

五号□4 8 12 16 20 24 28 32 36

二号

二号□4 8 12 16 18

小特号

小特号□5 9

84 磅

84磅□4

六号序列

六号

六号□4 8 12 16 20 24 28 32 36 40 44 48

三号

三号□4 8 12 16 20 24

小初号

小初号□ 8 12

63 磅

63 磅 □ 4 6

小四号序列

七号

七号□ 4 8 12 16 20 24 28 32 36 40 44 48 52 56 60 64

小四号

小四号□ 8 12 16 20 24 28 32

小一号

小一号□ 8 12 16

特号

特号□ 4 8

96 磅

96 磅 □ 4

小五号序列

小五号

小五号□ 8 12 16 20 24 28 32 36 40 44

小二号

小二号□ 8 12 16 20 22

初号

初号□ 4 8 11

72 磅

72 磅 □ 4 5

4.2.3 Microsoft 系列软件中的字号

Word 中的字号

中文 Word 对字体的大小可以采用磅数制，也可以采用号数制，“字号”与“磅”的对应关系如表 4－2 所列。

表 4－2　Word 中的字号

字号	磅数	字号	磅数
初号	42 p	四号	14 p
小初	36 p	小四	12 p
一号	26 p（与四号之间不成倍数关系）	五号	10.5 p
小一	24 p	小五	9 p
二号	22 p（与初号和五号之间不成倍数关系）	六号	7.5 p
小二	18 p	小六	6.5 p
三号	16 p	七号	5.5 p
小三	15 p	八号	5 p

* 这里的磅制用的是 PostScript 磅制。

FrontPage 中的字号

FrontPage 中的字号有 1 号（8 磅）、2 号（10 磅）、3 号（12 磅）、4 号（14 磅）、5 号（18 磅）、6 号（24 磅）、7 号（36 磅）。但这里的磅值仅仅是一个参考数值，参见在 4.1.5 节中的网页中的磅制部分。

4.2.4 方正排版系统中的字号

表 4－3 所列为方正排版系统中的字号与公制的对应关系。

表 4－3　方正排版系统中的字号

字　号	注解写法	尺寸/mm	点阵数（字身）	字　号	注解写法	尺寸/mm	点阵数（字身）
小七	7”	1.849	54	小一	1”	8.424	246
七	7	2.123	62	一	1	9.657	282
小六	6”	2.465	72	小初	0”	11.095	324
六	6	2.808	82	初	0	12.671	370
小五	5”	3.150	92	小特	10”	14.794	432
五	5	3.698	108	特	10	16.917	494
小四	4”	4.246	124	特大	11	19.726	576
四	4	4.931	144	63 磅	63	22.191	648
三	3	5.547	162	72 磅	72	25.342	740
小二	2”	6.396	186	84 磅	84	29.589	864
二	2	7.397	216	96 磅	96	33.836	988

4.3 级数制

手动照排机投入使用后，出现了级数制。使用手动照排机进行排字时，每拍摄完一个字以后，是通过机械机构转动一定齿数来实现移字成行和移行成面的。机械推送机构的齿轮每转动一齿（Y），光学拍摄机构就走动 0.25 毫米。为便于操作及版面计算，文字大小也以 0.25 毫米为最小计量单位，称为级（K），即：

1 级（K）=0.25mm

4.4 排版长度度量单位

4.4.1 西塞罗和派卡

西塞罗（Cicero）

这是一个最古老的排版长度度量单位，它与描述铅字大小的磅制共同产生、共同演变。西塞罗的缩写为 Cic。

1 Cic = 12 Points（Didot）= 4.51 mm

在佛氏磅制中：

1Cic = 12 Points（佛）= 1/6 佛氏英寸

在第氏磅制中：

1 Cic = 12 Points（第）= 1/6 法寸 = 4.531 mm

派卡（Pica）

派卡是采用英美磅制的国家用于排版长度度量的单位，它与英美磅制共同产生、共同演变。当今，在计算机中采用的派卡与公制的关系为：

1 派卡（PostScript）= 4.233333333 mm = 12 Points（PostScript）

在 Quark 和 InDesign 中，都可以用派卡和西塞罗作为长度度量单位，并且可以自定义派卡和西塞罗的长度，这方便了习惯用不同磅制的使用者。

4.4.2 em 和 ex

em

em 是个相对长度单位，也经常表示为 ems。对于 em，常见的定义有两种：一个是相当于当前字体的字母 M 的宽度，另一个定义是字母的高度。笔者认为，它的准确定义还应当是字母的高度，也就是字身高度或字的磅数。对汉字而言，高和宽是相等的，所以，如果空 1em，也就相当于空一个汉字的全身空。

在计算版面长度时，如果现在的字体大小为 12pt，那么，2em = 24pt。

en

en也是一个相对长度单位。它的定义应当是字母的高度的一半，空1en相当于空中文的半字空。把它理解为n的宽度很直观，但不十分准确。

ex

ex根据字母的x的高度确定的，就是英文字体x高度线到基线的距离，此高度通常为字体尺寸的一半。ex大小既取决于字体的大小，也取决于字体族类型，因为在给定的磅值下，实际的x高度将随字体族不同而不同。

em和ex在网页设计时用处很大，因为在网页中，字体的大小随着显示器大小的不同，字体大小也不同，根本无法用磅、毫米等长度单位来度量，因此，em和ex作为一种相对的长度单位很有意义。

4.4.3 Pixels（px）

Pixels

对于计算机数字化设备来说，像素（Pixel）或者说px是一个最基本的单位，之所以方正排版系统字号表4－3中每个字号都与它的点阵数有整倍数关系，就是因为最初方正排版系统所使用的照排机的分辨率是每毫米29.2Pixel。显示器也是这样的数字化设备，一个像素有多大取决于显示器的分辨率。

对于计算机的屏幕设备而言，像素（Pixel）就是一个点。所有的长度单位基于屏幕进行显示的时候，都统一先换算成像素。

从网页设计的角度来说，Pixel最大的优点就在于所有的操作平台都支持Pixel单位，Windows的用户所使用的分辨率一般是96像素/英寸，而Mac的用户所使用的分辨率一般是72像素/英寸。

4.4.4 齿（Y）

齿是手动照排中与级一起产生的长度单位，正是因为手动照排机是以齿来调整排版过程中的长度的，因此，齿成为手动照排中最基本的长度单位。

1齿（Y）＝0.25mm

中国香港特区、中国台湾省、新加坡及日本出版印刷业通常使用级数制作为计量文字大小的单位，而以齿作为排版版面计算的度量单位。

4.4.5 字、行

在铅排中，使用字作为横向的长度单位，行作为纵向的长度单位，以行做单位，每页字、行之间便于对齐，使得人的视觉感觉比较舒服。

字、行也是相对长度单位，它与字的大小和行距的大小密切相关。

4.5 字面率

4.5.1 什么是字面率

要理解字面率最直观的办法就是看一看铅字的结构。铅字形状成方柱形，铅字的各部分名称及功能如图 4－1 所示。

① 字身：铅字的方型柱体都属于字身部分；

② 字面：字头表面的着墨部分称为字面；

③ 字肩：字头轮廓以外的空白部分；

④ 字谷：字面以内凹下去的部分。

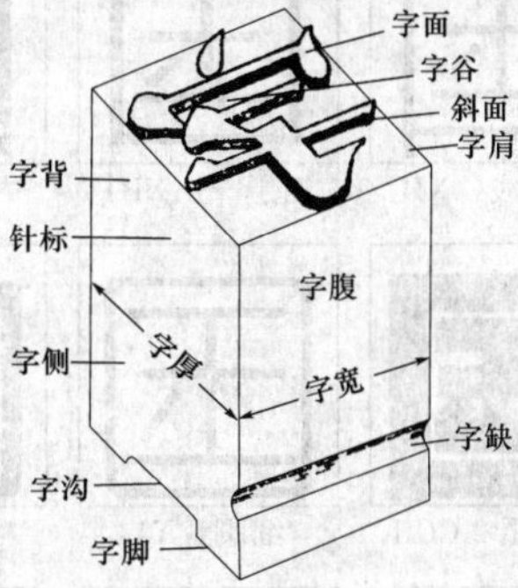

图 4－1　铅字的结构

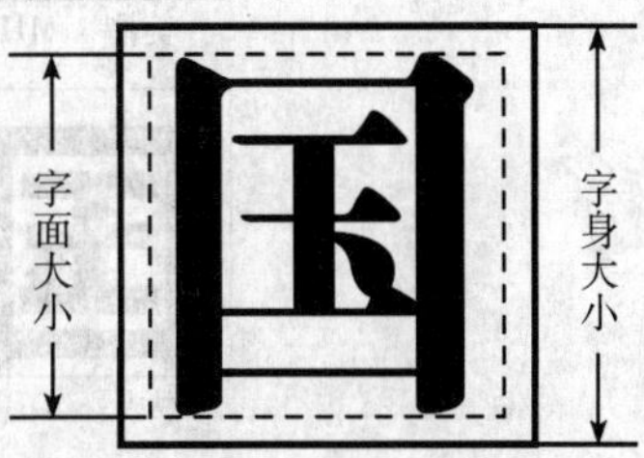

图 4－2　活字的字面率

从图 4－2 中可以看出，字面是刻在字身的里面的，字面总是小于字身的。当一个个铅字并排排列在一起时，字与字之间自然会有字距，而字距的大小则与字面与字身的比例有关。计算机排版则是模仿铅字排版，同样有字身和字面的区分。

印刷字体的字面和字身尺寸之比称为字面率。确定印刷字体的字面率，是保证在密排版面时文字之间保留最佳的空隙。这除了使版面美观外，更重要的是便于阅读。

4.5.2 不同字体的字面率

比较综艺体和舒体的字面率，我们会发现，看上去两种字体的大小完全不一样，但实际上，两种字体的字号相同。

方正舒体简体方正舒體繁體

方正综艺简体方正綜藝繁體

以下是几种常见字体的字面率比较：

4.5.3 排版过程中字面率的调整

方正书版排版系统在发排时可以采用 92% 和 98% 两种字面率。比较方正书版 92% 和 98% 的字面率可以看出，图 4-3 中左字显小，而右字明显显大，但它们不但字号相同，而且字体相同，只是在打印输出时设置了不同的字面率而已。

在 PageMaker 中，虽然无法设置字面率，但我们可以通过调整字距的方法实现不同的阅读效果（见图 4-4）。

8月12日，作为我国江苏地区发行量最大的城市日报——现代快报正式采用方正第三代报宋排版出报。自此，方正推出的第三代报宋已在广州日报、常州日报、东方今报、太行日报、哈尔滨日报、吉林报社等数十家报社应用。

第三代报宋优势体现在以下四个方面：

一、提高报纸的印刷质量。

报纸印刷质量一个重要的指标就是报纸版面灰度是否均匀。字体是报纸的“原材料”，只有使用的“原材料”好，才能确保报纸的最终印刷质量，由于第一代报宋的笔画不够均匀，为达到版面灰度均匀，报纸在印刷时调墨就比较困难。而第三代报宋在笔形、粗细、结构上的改进，使 报纸的版面更加均匀，印刷时调墨也容易多了。

8月12日，作为我国江苏地区发行量最大的城市日报——现代快报正式采用方正第三代报宋排版出报。自此，方正推出的第三代报宋已在广州日报、常州日报、东方今报、太行日报、哈尔滨日报、吉林报社等数十家报社应用。

第三代报宋优势体现在以下四个方面：

一、提高报纸的印刷质量。

报纸印刷质量一个重要的指标就是报纸版面灰度是否均匀。字体是报纸的“原材料”，只有使用的“原材料”好，才能确保报纸的最终印刷质量，由于第一代报宋的笔画不够均匀，为达到版面灰度均匀，报纸在印刷时调墨就比较困难。而第三代报宋在笔形、粗细、结构上的改进，使 报纸的版面更加均匀，印刷时调墨也容易多了。

图4－3　方正92%和98%字面率比较

8月12日，作为我国江苏地区发行量最大的城市日报——现代快报正式采用方正第三代报宋排版出报。自此，方正推出的第三代报宋已在广州日报、常州日报、东方今报、太行日报、哈尔滨日报、吉林报社等数十家报社应用。

第三代报宋优势体现在以下四个方面：

一、 提高报纸的印刷质量。

报纸印刷质量一个重要的指标就是报纸版面灰度是否均匀。字体是报纸的“原材料”，只有使用的“原材料”好，才能确保报纸的最终印刷质量，由于第一代报宋的笔画不够均匀，为达到版面灰度均匀，报纸在印刷时调墨就比较困难。而第三代报宋在笔形、粗细、结构上的改进，使报纸的版面更加均匀，印刷时调墨也容易多了。

8月12日，作为我国江苏地区发行量最大的城市日报——现代快报正式采用方正第三代报宋排版出报。自此，方正推出的第三代报宋已在广州日报、常州日报、东方今报、太行日报、哈尔滨日报、吉林报社等数十家报社应用。

第三代报宋优势体现在以下四个方面：

一、提高报纸的印刷质量。

报纸印刷质量一个重要的指标就是报纸版面灰度是否均匀。字体是报纸的“原材料”，只有使用的“原材料”好，才能确保报纸的最终印刷质量，由于第一代报宋的笔画不够均匀，为达到版面灰度均匀，报纸在印刷时调墨就比较困难。而第三代报宋在笔形、粗细、结构上的改进，使报纸的版面更加均匀，印刷时调墨也容易多了。

图4－4　PageMaker不同字面率比较

4.5.4 不同字号的字面率

在铅排中，不同大小的铅字，其字面率是不同的，它们的关系成正比，但又不是等比关系。根据人们的视觉习惯，不同的字号应有不同的空隙，其字号与字隙是以一定的曲线关系来增长的。遗憾的是，计算机排版中由于印刷字体大小的变化可以由计算机自动计算，字体大小变化时没有考虑人们的视觉习惯，只能让人眼去适应计算机了。为了让后人在研究字的大小变化对人的视觉影响时有一个参考，表 4－4 中列出了对昔日的一些铅字的测量数据。

表 4－4　各号活字字间距和字面率

字　号	字　身/mm	字　面/mm	字　间/mm	字面率/%
七　号	1.84	1.60	0.24	87
六　号	2.70	2.24	0.28	89
小五号	3.18	2.85	0.31	89.6
五　号	3.68	3.30	0.38	89.6
小四号	4.20	3.81	0.39	90
四　号	4.81	4.42	0.39	91
三　号	5.51	5.10	0.41	92
二　号	7.35	6.87	0.48	93
一　号	9.62	9.07	0.57	94
小初号	12.60	11.96	0.64	95
初　号	14.70	13.97	0.73	95

5 排版基础知识

5.1 书籍排版

5.1.1 排版的基本概念

排版（Typesetting）是将文字、线条、色块、图像等元素组排成一个适合人们阅读的版面的过程。排版应注意以下几个要素：

① 文字的正确性　将文字录入、组排到版面中不免会出现一些错误，排版的过程就是要最大限度地减少这些错误的发生。校对的过程就是减少错误发生的一个有效的手段和方法。在计算机上进行文字的录入、编辑、修改的过程称为文字处理（Word Processing）或文字编辑。

② 文字的适读性（Readability）　排版时通过选择字体、字号、字身比、字距、行距、行长以及文字灰度与背景的反差，能让人在阅读的时候不易产生疲劳，避免人们在阅读过程中产生烦躁，这是我们必须要注意的。

③ 美观艺术性　排版设计（Typesetting Design）也称为版面编排（Layout），是平面设计中最具代表性的一大分支，体现着文化传统、审美观念和时代精神的风貌。排版的结果应当让人感觉到是一种艺术享受。

④ 成本　不考虑成本的版面设计是不可能被客户接受的。

⑤ 印刷适性　版面的设计文字的选用必须要考虑制版和印刷的可行性，一个好的设计如果后期的印刷无法实现，最终也无法达到预期的艺术效果。

书籍排版是书籍进入排版印刷流程的第一个环节，指排版者根据书籍设计的各项要求逐一落实到版面上的过程。

5.1.2 成品尺寸

一本书的成品高、宽称为成品尺寸，本书的成品尺寸为 210mm × 285mm。开本和纸张的大小是决定一本书的成品尺寸的两个重要因素。虽然理论上讲，一本书的成品大小应当由设计人员根据美观进行设计，但由于造纸的机器大小是固定的，我们从经济方面必须考虑所用纸张的大小。

开本

开本指一张全张纸经几次裁切或折叠能够得到多少个页面就称为几开，如图 5－1 所示，全张纸经过 1 次裁切得到的是对开纸，上对开印刷机印刷后，第 1 次折叠得到的是 4 开版面，第 2 次折叠得到的是 8 开版面，第 3 次折叠得到的是 16 开版面，如果再经过一次折叠得到的将是 32 开成品。我国习惯上对开本是以几何级数来命名的。在国家标准中，开本的命名则不同，它是由纸张规格代号和折叠次数组成。

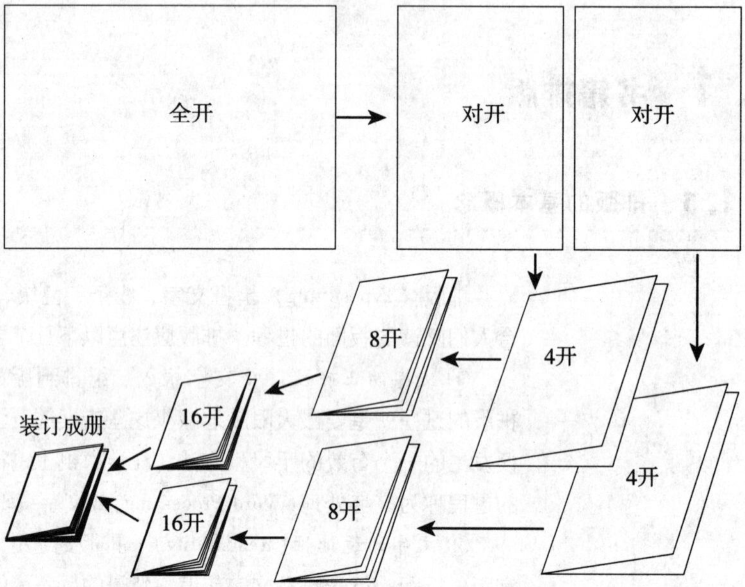

图 5－1　图书的开本

纸张大小

按国家标准 GB/T 147—1997《印刷、书写和绘图用原纸尺寸》规定：卷筒纸宽度尺寸为 5100、3100、1760、1575、1562、1400、1280、1230、1220、1092、1000、900、880、860、787（单位：mm）；平板纸幅面尺寸为 1400 × 1000、1000 × 1400、1280 × 900、900 × 1280、1220 × 860、860 × 1220、1230 × 880、880 × 1230、1092 × 787、787 × 1092（单位：mm）。

ISO（国际标准化组织）很早以前就定义了纸张标准尺寸（ISO 216：1975）有 A、B、C 三组规格，C 系列纸张尺寸主要用于信封。美国和加拿大是少数尚未使用 ISO 216 标准纸张尺寸的国家。表 5－1 为 ISO 216 定义的纸张尺寸规格。

表 5－1　ISO 216 标准定义的纸张尺寸

mm

A 系列		B 系列		C 系列	
A0	841×1189	B0	1000×1414	C0	917×1297
A1	594×841	B1	707×1000	C1	648×917
A2	420×594	B2	500×707	C2	458×648
A3	297×420	B3	353×500	C3	324×458
A4	210×297	B4	250×353	C4	229×324
A5	148×210	B5	176×250	C5	162×229
A6	105×148	B6	125×176	C6	114×162
A7	74×105	B7	88×125	C7/6	81×162
A8	52×74	B8	62×88	C7	81×114
A9	37×52	B9	44×62	C8	57×81
A10	26×37	B10	31×44	C9	40×57
				C10	28×40

表 5－1 中的 A、B 表示纸张规格以及所形成的开本系列。A、B 后面的数字表示全张纸对折长边的次数，如 A4 表示将全张纸长边折叠四次，即 16 开，A5 表示折叠五次，即 32 开。

为与国际标准接轨，我国参照国际标准 ISO 6716: 1983 在 1999 年制定了 GB/T 788—1999《图书和杂志开本及其幅面尺寸》国家标准，见表 5－2。

表 5－2　图书和杂志开本及其幅面尺寸

mm

系　列	未裁切单张纸尺寸	已裁切成开本	
		代　号	公称尺寸 （允差 ±1mm）
A	890×1240M	A4	210×297
	890M×1240	A5	148×210
	890×1240M	A6	105×144
	900×1280M	A4	210×297
	900M×1280	A5	148×210
	900×1280M	A6	105×144
B	1000M×1400	B5	169×239
	1000×1400M	B6	119×165
	1000M×1400	B7	82×115

注：表中未裁切单张纸尺寸后面的 M，表示纸张的丝缕方向与该尺寸边平行。

新的国家标准采用 890mm × 1240mm、900mm × 1280mm、1000mm × 1400mm 未裁切单纸张尺寸印刷。但今天由于设备、纸张供应等原因，印刷业实际情况与国家标准有着很大的距离，以下纸张尺寸仍为当今流行纸张的主要尺寸。

① 787mm × 1092mm　这个尺寸也叫小规格纸，由此规格印出的书籍开本又称小开本，例如，小 32 开的 130mm × 185mm、小 16 开的 185mm × 260mm 都是这种纸张的成品尺寸。

② 850mm × 1168mm　这种尺寸的纸张主要用于较大开本的需要，由此规格印出的书籍开本又称大开本，例如，大 32 开的 140mm × 203mm 是这种纸张的成品尺寸。

③ 889mm × 1194mm　这是国际流行开本，国际大 16 开的 210mm × 285mm 和国际大 32 开的 145mm × 210mm 都是这种纸张的成品尺寸。

以上未裁切尺寸与已裁切尺寸有一定的差距，主要原因是：纸张在印制过程中要进行印前的光边裁切（每边 3mm），留出印刷叼口（约 8mm），如为套色印刷，还要留出十字线的套准位置（约 5mm），裁切后即为可印刷的标准全张纸，印完后在成品裁切时也需有最小 3mm 的切口光边。因此，890mm × 1240mm 的纸张经过裁切才可得到 A 系列的纸张尺寸（见图 5 – 2）。

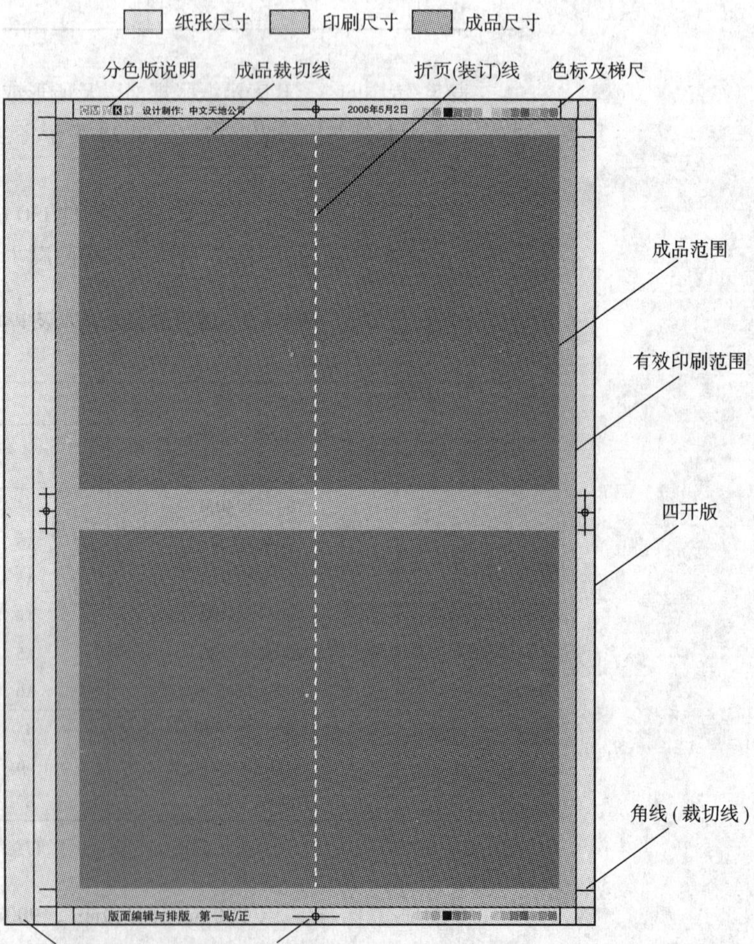

图 5 – 2　印刷叼口及纸张的裁切

5.1.3 正文排版

版面的基本概念

版面（Type Area）——印刷成品幅面中图文和空白部分的总和，如图 5－3 所示。

书芯——又叫做书身，是图书正文经过印刷、折叠、配页、装订后，尚未包上封皮或装上书壳的半成品部分。

版心（Type Page）——排版或印刷成品版面中规定的正文或图表的排版面积。

订口——由版心至装订一侧称为订口，也称为里口。

切口——由版心至需要翻页一侧的部分称为切口，也称为外口或翻口。

天头（Head margin）——版心上边沿至成品边沿的空白区域，也称为上边空或上空。

地脚（Foot margin）——版心下边沿至成品边沿的区域，也称为下边空或下空。

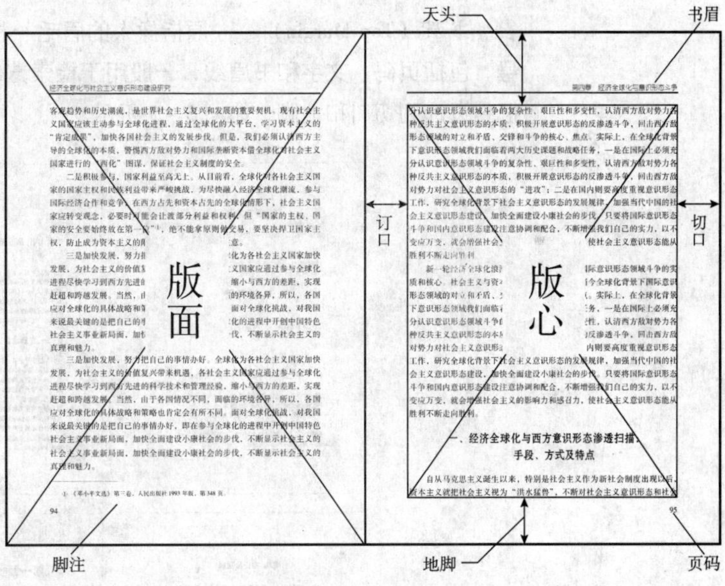

图 5－3　版面及版心

版口（Margins）——版心边沿至成品边沿的空白区域，包括：天头、地脚、订口、切口。

裁口——图书装订后，将订口以外的三面进行裁切，切去的三面叫做裁口或切口。这里的“切口”与外口的切口虽然同名，但不同义，因此，为避免混淆，建议用裁口这个词。一般裁口为 3mm，国外也有留 5mm 裁口的情况。

裁切线——也称为*角线*，如图 5－4 所示。裁切线用于标明版面的位置及裁口的大小，一般裁切线有以下两种类型：“”、“”。

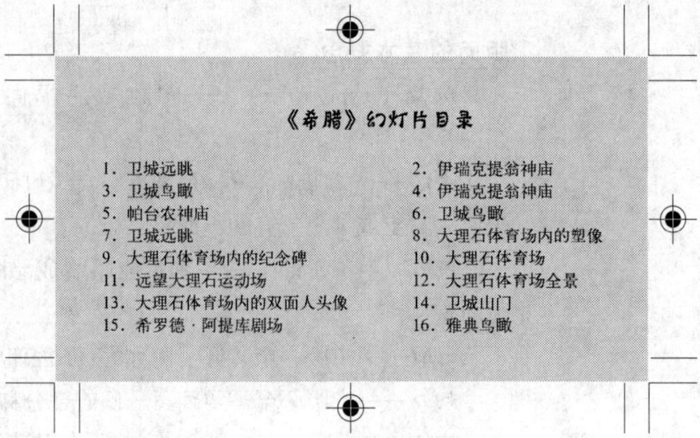

图 5－4　裁切线和十字线

十字线——也称为*十字星标*，是出片或晒版时套准用的规矩线。有以下几种类型：“”、“”、“”、“”、“”。

书眉（Top Margin）——原指像人的眉毛一样排在版心上部的文字及符号，包括页码、文字和书眉线，一般用于检索方便。但现代图书设计也经常把它设计到切口和地脚，如图 5－5 所示。

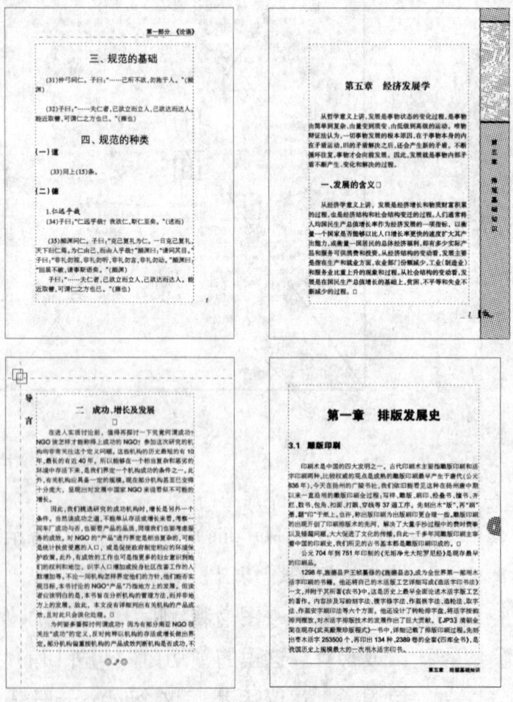

图 5－5　几种不同形式的书眉

页码（Page Number）——标明出版物每一个页面序列的数码。页码一般排于书籍外口一侧，现在页码排在外口的各个方位的都有。在印刷行业中，将一个页码称为一面，正反面两个页码称为一页。

出血——任何超过裁切线被裁切掉的图文。一般是设计者有意设计的出血图，如果排版人员经验不足使文中有用的文字出血，则会造成事故。

单码、双码——书页中的奇数页码叫单页码，偶数页码叫双页码。通常，单页码放在靠版口的右边，双页码放在靠版口的左边，竖排书例外。上翻书通常把页码放在地脚居中的位置。

无码——又称空页码，封面、扉页、版权页等不排页码，也不占页码，称为无码。

暗页码——又称暗码，是指不排页码而又占页码的书页，一般用于篇章页、超版心的插图、插表、空白页或隔页等。

版心参数

开始排版前，除了要确定成品尺寸外，还需要确定版心参数，即确定每页的行数及每行的字数，以及在版面中的位置、正文的字体、字号、行间距离、横排还是竖排等内容。

版心尺寸受开本大小限制，版心过小，容字量减少，成本会加大；版心过大，有损于版面的美观。一般，字与字之间的空距要小于行与行之间的空距。版心的宽度和高度的具体尺寸要根据正文用字的大小、每面行数和每行字数来决定，而每面行数又受行距的影响。表 5－3 所列为主要开本尺寸及常见版式。

表 5－3 主要开本尺寸及常见版式

mm

开 本	用纸尺寸	开本尺寸	版心尺寸	正文用字	每面行数×每面字数	行 间
A4	880×1230	210×297	147×246	五号	44 行×39 字	5.1p
国际 16 开	889×1194	210×285	172×244	小五号	二至三栏	对开
大 16 开	850×1168	203×280	162×226	小五号	二栏	对开
16 开	787×1092	185×260	148×220	五号	40 行×40 字	对开
16 开	787×1092	185×260	155×220	五号	40 行×42 字	对开
国际 32 开	889×1194	145×210	115×169	五号	31 行×31 字	对开
大 32 开	850×1168	140×203	103×154	五号	28 行×28 字	对开
大 32 开	850×1168	140×203	103×156	五号	26 行×28 字	5/8 字
(小)32 开	787×1092	130×185	96×144	五号	26 行×26 字	对开
64 开	787×1092	92×126	70×98	小五号	21 行×22 字	4.5p

注:以上数据仅供参考,设计者可根据图书的不同类型进行调整。

行空（Line Space）——也叫行间，在印刷标准术语中，将字行与字行之间的空白称为行空。

行距（Row Spacing）——行中心线与行中心线的距离称为行距。方正、华光排版系统将标准术语中的行间称为行距。书刊的行间一般空对开(1/2)，也有5/8、3/4几种空法。铅排中的行距一般也指的是行间，行间需要用插入铅条的方式来占位。行间插入一根半字空的铅条，称为对开条，即行间为半个字的行间。有时也会说行距“四号对开条”，即行间为半个四号字宽，三开条、四开条则指行间为正文字的1/3和1/4。

字距（word spacing）——同一行中字与字之间的空白称为字距。在铅排中是通过在铅字中加入铅空来拉大字与字之间的距离的。铅空为一个字的一半的时候称为对开空、半倍空或二分空；三分空、四分空则是空一个字的1/3、1/4；最小的空有八分空。一个整字大小的铅空称为全身空或一倍空；大于全身空的可分别称为二倍空（双连）、三倍空（三连）、四倍空（四连）等。这些术语出自铅排，但目前仍在使用。

另页起——指一篇文章从单码起排。如果第一篇文章以单页码结束，第二篇文章也要求另页起，就必须在上一篇文章的后面留出一个双码的空白面，即放一个空码。

另面起——指一篇文章必须另起一面排版，不能与上篇文章接排。另面后不用考虑单、双码。

注文（Notes）——又称注释、注解，是对正文内容或对某一字词所做的解释和补充说明。

注码——在正文中标识注文的号码。

随文注——排在字行中的注文，也称夹注。

段后注——排在正文分段处的注文。

边注——排在图片旁边的注文或一段旁边的注文。

脚注——排在每面下端的注文，又称面后注或页后注。

篇后注——排在每篇文章之后的注文。

书后注——排在全书后面的注文。

在英文排版中，一页有多个脚注时，第一脚注前加“＊”、第二脚注前加“†”、第三脚注前加“**”、第四脚注前加“＊‡”。

横排和直排——横排的字序是自左而右，行序是自上而下，它的翻口在右，订口在左；直排又称竖排本，字序是自上而下，行序是自右而左，它的翻口在左，订口在右，一般用于古书排版。

密排和疏排——密排是字与字之间没有空隙的排法，一般书刊正文多采用密排；疏排是字与字之间留有一些空隙的排法，大多用于低年级教科书及通俗读物，排版时应放大行距。

通栏排和分栏排——通栏就是以版心的整个宽度为每一行的长度，这是书籍的通常排版的方法。有些书刊，特别是期刊和开本较大的书籍及工具书，版心宽度较大，为了缩短过长的字行，正文往往分栏排，有的分为两栏（双栏），有的分三栏，甚至多栏。

单面装、双面装和普通装——横排书在字行的下面加排着重点的叫单面装。在字行左、右或上下都排字的叫双面装。字行左右、上下都不排字的叫普通装。

5.1.4 零页排版

零页基本概念

出版业习惯上把出版物环衬、扉页、版权页、前言（有些为“序”或“出版说明”）、作者像、目录、插页、索引、附录、后记（或跋）的设计统称为零页设计，设计完后需要注明零页顺序。一般的零页顺序如上所述，序的位置有时在目录前，有时在目录后（见图5-6）。

环衬（End Paper）——也叫衬页，连接书芯和封皮的衬纸，起到一是美观，二是使封面和书芯更加牢固的作用。封二和扉页之间为前环衬，封三和正文之间叫后环衬。越来越多的出版社运用特种纸作环衬以达到防伪的目的。精装书的环衬设计十分考究，往往选用与全书和谐的风格，采用抽象、淡雅的肌理效果的图片或图案，在视觉上产生由封面到正文的过渡。

扉页（Fly Page）——也叫内封、副封面或里封，国家标准术语中称为主书名页。它是环衬页后印有书名、出版者名、作者名的单张页，位于主书名页的正面，即单数页码面。有些书刊将衬纸和扉页印在一起装订，即筒子页，称为扉衬页，也称作环扉。

插页（Insert）——在正文序列之外，为装饰及配合正文而单独印制的插入书刊的印有图或表的单页。插页有的占暗码，有的不占页码单占页。单色的插页往往是因为图、表或地图幅面太大，只能单独印刷插在书中。排版设计者应尽量避免插页的出现，否则会大幅增加成本，给印后加工带来麻烦。

彩插——书中彩色的插页。一般彩插占的页码数应是4的整数倍，否则会给印刷和装订带来尴尬。

篇章页——又称隔页或中扉页，是指在正文各篇、章起始前排的印有篇、章名称的一面单页。篇、章、页插在双码之后，一般作暗码，有时用带色的纸印刷来显示区别。

目录——目录是书刊中章、节标题的记录，起到主题索引的作用，便于读者查找。目录应放在书刊正文之前。在排版出片前，应核对目录的页码是否与正文一致，正文标题是否与目录内容一致。

版权页

版权页（Copyright Page）——在国家标准中，称作版本记录页。该页提供了图书的版权说明、图书在版编目数据和版本记录（见图5-7）。版权页关系到该书的法律身份及著作权人、出版者、设计者等权利人未来的权益。该页包含有三部分内容：

第一是版权说明，说明版权的各项权利及其拥有者。

第二是图书在版编目（Cataloguing In Publication，英文缩写 **CIP**）数据。图书在版编目数据的选取及编排格式按照国家标准 GB/T 12451 的有关规定，注明著译者、出版人、出版时间、丛书名、书号、分类、CIP 数据号等内

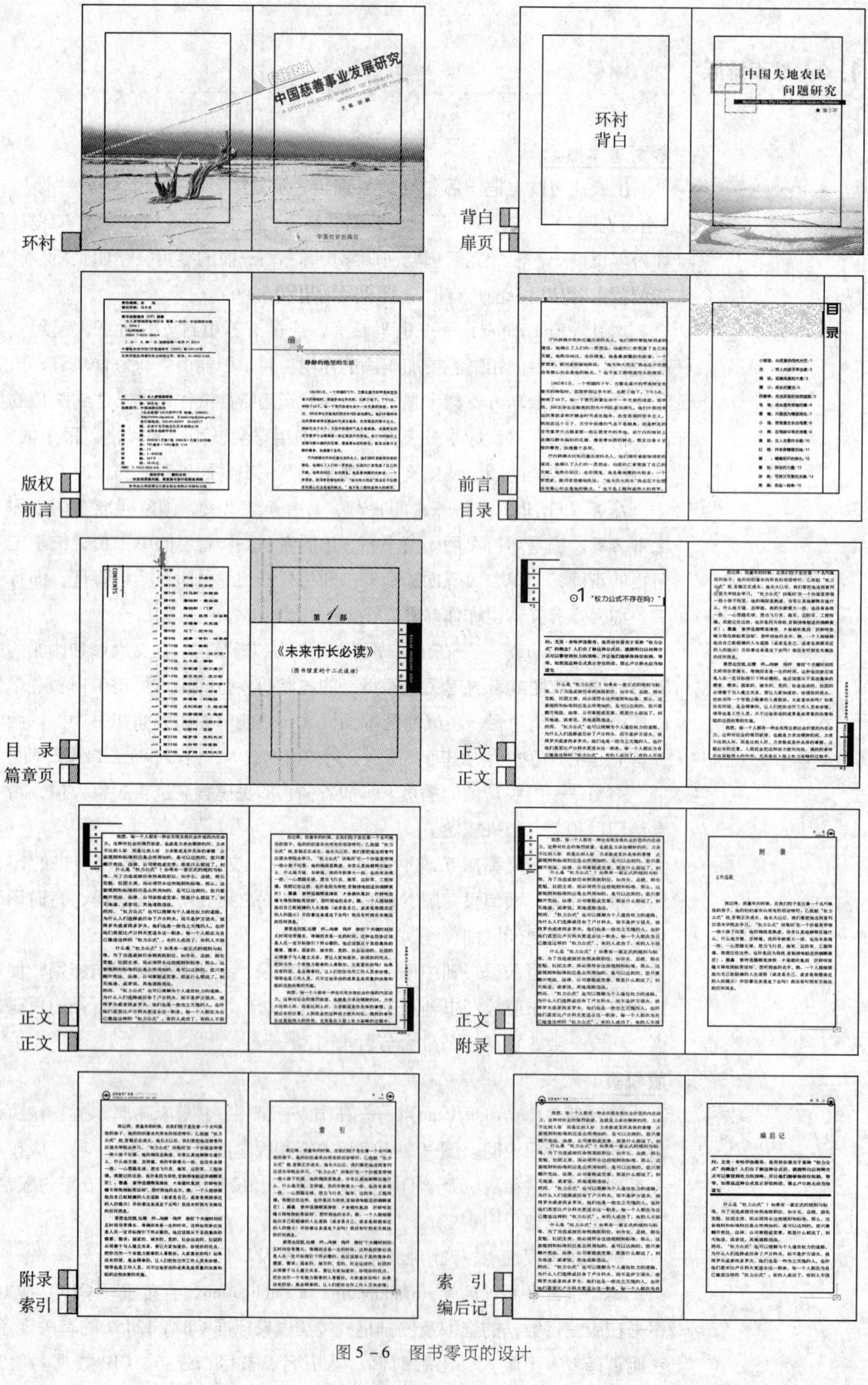
环衬
中国慈善事业发展研究
背白
扉页
环衬
背白
中国失地农民
问题研究
版权
前言
静静的绝望的生活
前言
目录
目
录
目　录
篇章页
CONTENTS
第1部
《未来市长必读》
正文
正文
"权力公式不存在吗？"
正文
正文
正文
附录
附　录
附录
索引
索　引
索　引
编后记
编后记

图5－6　图书零页的设计

策　　划：北京走遍全球文化传播有限公司　http://www.zbqq.com
统　　筹：潘笑竹　翟　铭
责任编辑：王欣艳　潘笑竹　王佳慧
装帧设计：肖　辉
责任印制：闫立中

图书在版编目（CIP）数据
巴西/日本大宝石出版社编．王路漫译．-北京：中国旅游出版社，2006.1
（走遍全球）
ISBN 7-5032-2747-8
Ⅰ．巴…　Ⅱ．①日…　②王…　Ⅲ．旅游指南-巴西
Ⅳ．K977.79
中国版本图书馆 CIP 数据核字（2005）第 131107 号

北京市版权局著作权合同登记号：图字：01-2005-1086

书　　名：走遍全球——巴西·委内瑞拉

原　　著：大宝石出版社（日本）
译　　者：王路漫
出版发行：中国旅游出版社
（北京建国门内大街甲 9 号　邮编：100005）
http://www.cttp.net.cn　E-mail：cttp@cnta.gov.cn
发行部电话：010-85166504/06/07/17
制　　版：北京中文天地文化艺术有限公司
经　　销：全国各地新华书店
印　　刷：
版　　次：2006 年 1 月第 1 版　2006 年 1 月第 1 次印刷
开　　本：889 毫米×1194 毫米　1/32
印　　张：15
印　　数：1-10000 册
字　　数：429 千
定　　价：66.00 元
I S B N　7-5032-2747-8/K·959

版权所有　翻印必究
如发现质量问题，请直接与发行部联系调换

图 5-7　图书的版权页

容，排印在版本记录页的中部位置。

第三是版本记录。提供图书在版编目数据未包含的出版责任人（责任编辑、装帧设计、责任校对和其他有关责任人）记录、出版发行者（出版者、排版印刷和装订者）说明、载体形态记录（开本、印张数、字数）、印刷发行记录（第 1 版、本版、本次印刷的时间、定价）。排印在版本记录页的下部位置。

印张——是印刷厂用来计算一本书排版、印刷、用纸的基本单位，一般将一张全张纸印刷一面叫一个印张，一张对开纸印刷双面也称为一个印张。

字数——以版面字数为计算单位，一般是满版文字时每面行数乘以每面字数。通常作者的稿费、编辑的编辑费、校对费等以此为基础计算。

丛书名（Serial Title）——系列丛书的书名。

版权名（Copyright Name）——出版时版权拥有者的名字。

作者（Author）——指编者、主编、策划等。国外译本还有原著者、译者。

出版者名称（Publisher Name）——出版社、杂志社名称。

出版日期（Date of Publication）——出版的年份，如果必要，也可指出月份。

版本（Edition）——图书再版版次的记录，如“第一版第一次印刷”，如果书名不变，内容修改了，称为再版（第二版），如果内容不变只是加印，则称为第二次印刷。

索引

索引分为主题索引、内容索引、名词索引、学名索引、人名索引等多种。索引属于正文以外部分的文字记载，一般用较小字号双栏排于正文之后。索引中标有页码，以便于读者查找。在科技书中，索引的作用十分重要，它能使读者迅速找到需要查找的资料。

5.1.5 封面排版

装帧设计——一本书的开本确定后，除对正文版式进行设计外，还需要对封面进行设计。在设计封面时，除需要设计文字页面，还需要设计装帧材料、加工工艺，如烫金、覆膜、UV、起凸等，我们将这些设计内容统称为装帧设计。

通常，封面设计包括封面、封二、封三、封底、勒口、环衬、书脊、护封、封套的设计（见图5－8、图5－9）。

封面（Cover）——也叫**封一**，是一册印刷品正面外观设计元素的总和。封面中通常含有书名、作者名及出版者名称。

封二（Inside Front Cover）——也叫**封里**，是封面的里面、背页。书籍的封二一般为空白页，期刊的封二常为图片、广告。

封三（Inside Back Cover）——又叫**封底里**，是封底的里面。书籍的封三一般也为空白页，期刊的封三常印有图片或其他文字。

封底（Back Cover）——又叫**封四**，是一册印刷品底面外观设计元素的总和。书籍的封底一般印有中国标准书号（China Standard Book Numbering）、定价及出版物条形码，书号也可印在护封上。

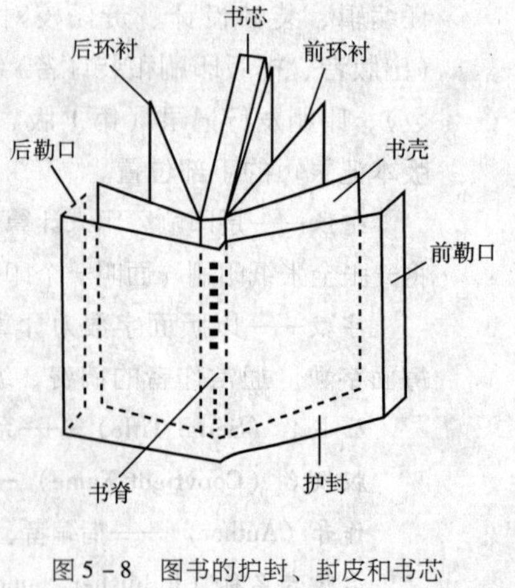

图5－8　图书的护封、封皮和书芯

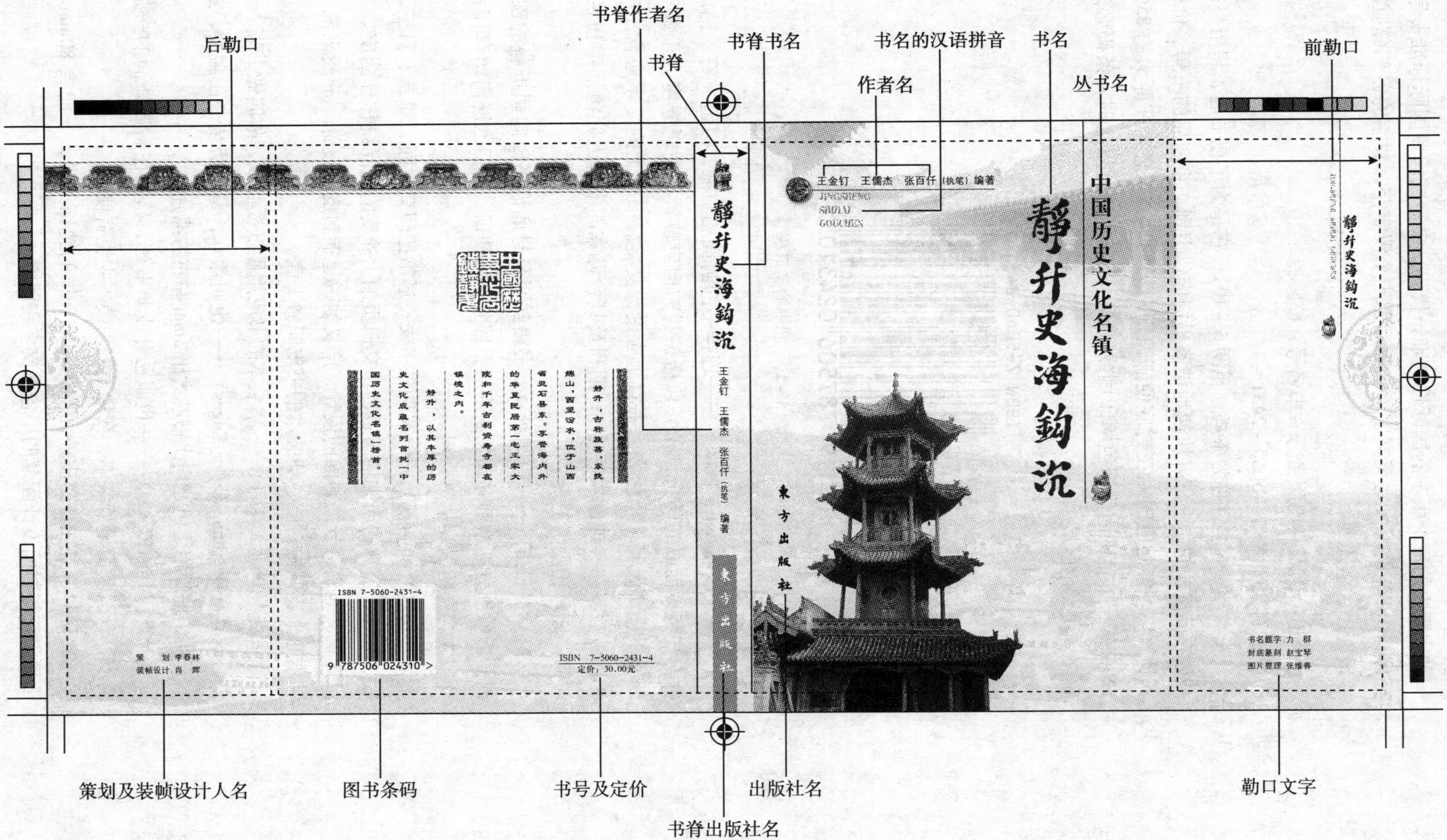
后勒口
书脊作者名
书脊
书脊书名
书名的汉语拼音
作者名
书名
丛书名
前勒口
中国历史文化名镇
静升史海钩沉
王金钉　王儒杰　张百仟（执笔）编著
东方出版社
ISBN 7-5060-2431-4
定价：30.00元
策划及装帧设计人名
图书条码
书号及定价
出版社名
书脊出版社名
勒口文字

图 5－9　图书的封面设计

中国标准**书号**是标识在中国国家出版管理部门注册的出版者所出版的每一种出版物的每个版本的国际性的唯一代码。书写或印刷国际标准书号时，标识符 ISBN 使用大写英文字母，其后留半个汉字空，数字的各部分应以半字线连接，格式为：

ISBN　组号 - 出版者号 - 书名号 - 校验码

示例：ISBN　7 - 5060 - 2431 - 4

出版物条形码又称为**条码**（见图 5 - 10），它是为了在书店、超市提高售货效率而设计的，它可以快速地被条码扫描仪识别，将商品的书号、价格输入计算机。条码应印刷在封底便于识别扫描的地方，必须在原大的 85% ~ 120% 的尺寸范围内用深色墨印刷或打印。当在彩色背景上时，条码必须印刷在一块无色区域内。

ISBN 7-5060-2431-4

9 787506 024310 >

图 5 - 10　图书的条形码

书脊（Spine of a Book）——连接书的封面和封底，以缝、钉、粘或其他方法装订而成的转折部位，包括护封的相应位置。书脊厚度大于或等于 5mm 的图书及其他出版物，书脊上应设计文字。书脊上的文字应含主书名和出版社名称（或图案标志）；期刊及其合订本的书脊上应包括期刊名称、卷号、期号和出版年份。

勒口（Flap）——也叫**折口**，书籍封面及封底沿书口向里折叠的部分。封面折叠部分称为前勒口，封底折叠部分为后勒口，勒口上通常印有作者简介或内容介绍以及丛书介绍。

封皮（Wrappage）——又叫做**书皮**，通常把印有封面、封二、封三、封底、勒口、书脊的用来给出版物正文册页加上外皮的纸品统称作封皮。封面设计狭义地说是专指封面的设计，广义地说是指封皮的设计。一般来说，平装本的书皮叫做封皮，精装本的书皮叫做书壳。

书壳（Book Case）——精装本的书皮用硬纸板制成，故叫做书壳。

飘口（Overhang Cover Edges）——也叫**漂口**，是指精装书在封面、封底的天头、地脚和切口处均比书芯大出 3mm 左右的部分。

护封（Dust Cover）——也叫**包封**或**护书纸**，是加在封皮外面的一张外封皮，一般多用于精装本，在精美的平装本中也有使用。

腰封——是加在封皮外面的像腰带一样的装饰纸带，一般有 80mm 宽，上面印有与封面设计配套的广告性文字和图案。

5.2 排版中的几个重要元素

5.2.1 标点符号

标点符号的占位

目前，标点符号大致有以下几种排法：

全角式——又称全身式，这是一种所有符号都用全角占位排版的方式。但两个符号相连时，前一个为半角占位，例如“他说：‘明天有雨。’”

开明式——是一种在句末用全角符号，其余用对开标点符号的排版方法，目前应用广泛。

行末对开式——是一种行末标点符号都用对开的排版方式，排出的版口线条较直。

对开式——这是一种除破折号、省略号外都用对开标点符号的排版方式，多用于工具书。

竖排式——在竖排中，标点符号一般为全身，排在字的中心或右上角。

自由式——一些标点符号不遵循排版禁则，一般在国外比较普遍。

标点符号在调版时的功用

在排版过程中，经常需要拉压版面，一般采用伸排法和缩排法来解决。伸排法是将行中标点符号改成全身，使空隙加大；缩排法是将全角标点符号换成对开式，缩进一字，以减少行数。

5.2.2 标题

标题是一篇文章的核心和主题的概括，也有的标题是表明文章的层次，其特点是字句简明、层次分明、美观醒目。书籍中的标题层次比较多，有大、中、小之别。书籍中最大的标题称之为一级标题，其次是二级标题、三级标题等。大小标题的层次表现出正文内容的逻辑结构，通常采用不同的字体、字号来加以区别，以使全书章节分明、层次清楚，便于阅读。

一般来说，最大一级标题字号最大，依照标题级次的降低而依次减小。也有违反这一规律的情况，当标题字号小于下一级标题或者正文时，一定会通过占行去弥补。标题的占行也是确定一个标题级次的重要指标，小标题占行少，大标题占行多。之所以标题在设计的时候尽量占整行数，是因为这样做容易达到行行相对，让人有一种整齐美观的感觉。标题中使用的字体也与标题的级次有关，大标题使用较粗的字体，如大黑、粗圆、综艺等，小标题则采用黑体、楷体、仿宋体、准圆等。标题的字体也与书籍的内容有关，政治类书籍一般使用黑体、小标宋等字体做标题，儿童类书籍则使用比较活泼的字体，如童趣体、胖娃体等。

5.2.3 表格

表格的组成

表格（Table）——指用于归档、说明或描述某个概念而以行和列的方式安排数据的列阵。表格的作用是把复杂的内容条理化和系统化，便于读者分析比较，一目了然。

报表——又称统计报表，指的是汇集一定时间内特定项目所需填报内容的一种表格形式。

普通表格一般可分为表序、表题、表头、表身和表注五个部分（见图5－11）。如果是报表，在表题和表头之间居右位置还有计量单位。

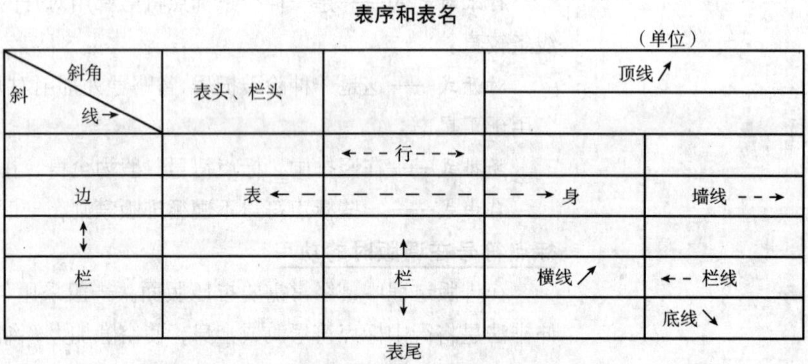

图5－11　表格的组成

表序——又称表号、表码，它是表格的编号次序。表序一律用阿拉伯数字表示。表序可写为：“表1－1”、“表3”等，而不要写为：“第1表”、“第二表”等。英文表序可写为：“Table 1”、“Table 2”，而不要写为：“Table one”、“Table Two”。表序排在表格上方，表序后面空一个全身空接排表名。

表名——即表的名称。表名排在表序之后，表名末不加标点符号。

表题——表序和表名总称为表题。表题应居中排，在只有表序没有表名的情况下，表序可居中排，也可靠外口方向缩一格排版，或排在表格的右上角处。表题与正文之间至少要空对开条的位置，表题与表顶线之间空对开条。表题一般用黑体字，其字号应小于正文而大于表文。表题居中排以后，如果表题字较少，可在表题字间适当加空；如表题字较多，则可将表题字转行居中排或转行齐肩排，但无论哪种排法，表题宽度不得大于表格的宽度。

栏头——每栏最上方的一格称为栏头。

表头——栏头所在的行称为表头、头行，即表格的第一行。表头有单层或多层之分，表头的高度应与版心和表身大小相称。一般表头的高度应大于表身上普通行的高度。

行头——每行的最左边一项称为行头。

项目栏——行头所在的栏称为项目栏或竖表头、（左）边栏，即表格的第一栏。

表首——表头中的项目栏头。有时在表首经常加斜线，表首内有斜线时，文字一般应斜排。

表身——指底线与栏目线之间的部分，是表格的内容与主体。由若干行、栏组成，栏的内容有项目栏、数据栏及备注栏等，各栏中的文字要求比正文小一号字。

表注——指表格的注解和说明。一般排在表的下方，也有的排在表框之内。表注的行长一般不要超过表的长度，字号比正文小一号字。

行线——表格中的横线。

表行——行线之间称为表行。

栏线——表格中的竖线。

栏——栏线之间称为栏，也称表栏。

边栏线——边栏与第二栏的交界线。

表头线——头行与第二行的交界线。

表框线——表格的四周边线。表框线包括顶线、底线和墙线。顶线和底线分别位于表格的顶端和底部，墙线位于表格的左右两边。由于墙线是竖向的，故又称为竖边线。表框线均应排反线。一般的表格可不排墙线。

表格的分类

表格根据线框的多少分为有线和无线两种。

图 5 – 12 所示为无线表，图 5 – 13、图 5 – 14 所示为有线表。

无线表——没有线条分割的表格（见图 5 – 12）。

全线表——框线、栏线与行线齐全的表格（见图 5 – 13）。

张立山　王峥　何明超　马光斌　王韦中　王宇青　王照江
王光汉　王丽娜（女）　王棋　王伟清（藏族）　韦宇
马木托夫（维族）　叶林　乌日诺（蒙古族）　何立　黄大中
石秀丽（女，苗族）　平图汪杰（藏族）　李少飞　张燕杰　吕培柱

图 5 – 12　无线表

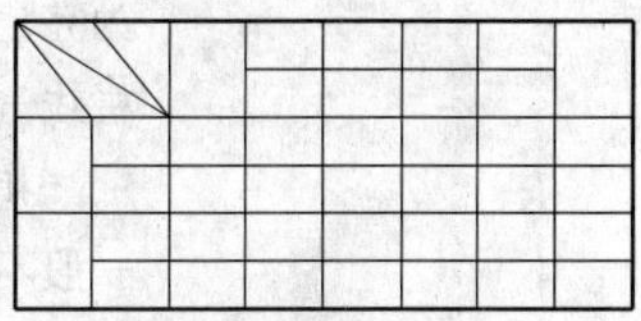

图 5 – 13　全线表

省线表——就是在全线表的基础上省略掉一些表格线，表现出简洁的排版风格。省线表可分为无行线表（见图 5 – 14a）、无栏线表（见图 5 – 14b）、无边线表（见图 5 – 14c），只留表格的顶线、底线和表头的底线三条线的表格又称为三线表（见图 5 – 14b）。

姓名	班级	平时成绩	总成绩
叶飞	一班	90	95
叶林	二班	80	83
李木	三班	70	65
张娜	一班	90	99
梁茹	三班	87	90

a. 无行线表

姓名	班级	平时成绩	总成绩
叶飞	一班	90	95
叶林	二班	80	83
李木	三班	70	65
张娜	一班	90	99
梁茹	三班	87	90

b. 无栏线表（三线表）

姓名	班级	平时成绩	总成绩
叶飞	一班	90	95
叶林	二班	80	83
李木	三班	70	65
张娜	一班	90	99
梁茹	三班	87	90

c. 无边线表

图 5 – 14　省线表

挂线表——也叫**系统表**，是将系统内部的层次隶属关系用线条明确加以指示的表格（见图5－15）。

框线表——也称**流程表**、**方框图**、**框图**，是用线条及各种几何图形的组合来表示一定系统关系的表格（见图5－16）。

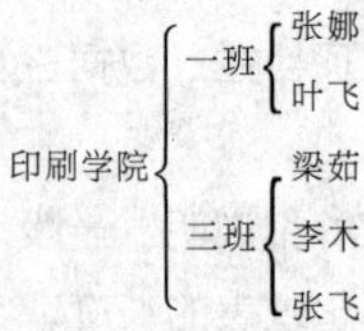

图5－15　挂线表

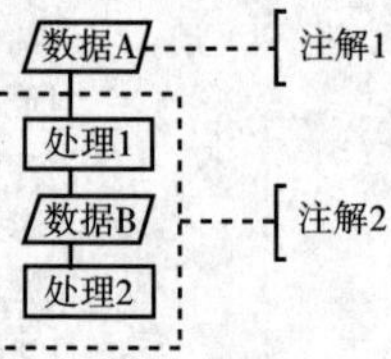

图5－16　框线表

表格根据出现的场合可分为书刊表格和零件表格两大类。**书刊表格**为书刊中插入的为正文服务的表格，多为各类数据、报表和流程表。**零件表格**为各类独立排版的表格，如考勤表、工资表、化验表、发票以及合同等。

表格的排版形式

表格的排版形式可分为整面表、续表、卧排表、对页表等几种类型。

整面表——单个表格刚好占一个整版的表格（见图5－17a）。

续表——因版心的限制或设计需求，将表中部分内容截至下一页继续排版的表格。续表应加“续表”字样，并重排表头，省略表序和表名（见图5－17b）。注意，在前页（断开处）应用细线封底。

卧排表——将宽度超过版心、长度小于版心的表格整体逆时针旋转90°后进行排版的表格形式（见图5－17c）。

对页表——也称**合页表**、**和合表**、**蝴蝶表**，是将书刊相对的两页版心视为完整的一页进行排版的表格形式（见图5－18a）。合页表双单面接合处的栏线一般应放在单页码的一边，即在后半个表的起首放一根竖的直线。

插页表——将表格作为独立插页进行排版的表格形式（见图5－18b）。一般不提倡这种排版方式。

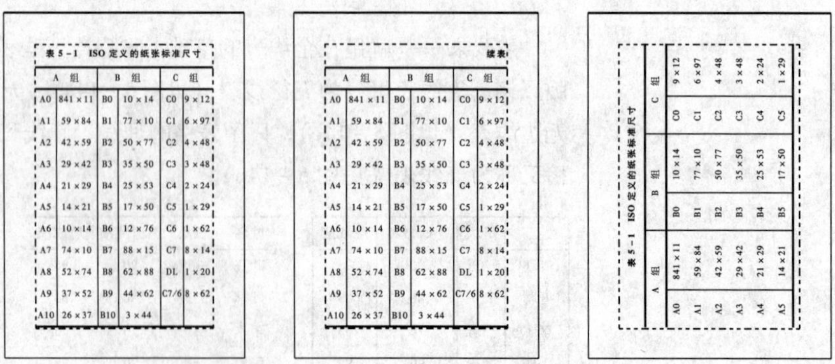

a. 整面表　　b. 续表　　c. 卧排表

图5－17　表格的排版形式

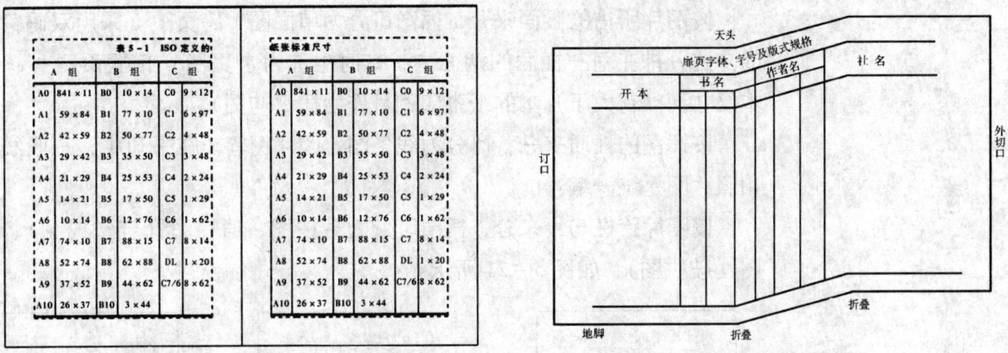

表5-1 ISO 定义的纸张标准尺寸					
A 组		B 组		C 组	
A0	841×11	B0	10×14	C0	9×12
A1	59×84	B1	77×10	C1	6×97
A2	42×59	B2	50×77	C2	4×48
A3	29×42	B3	35×50	C3	3×48
A4	21×29	B4	25×53	C4	2×24
A5	14×21	B5	17×50	C5	1×29
A6	10×14	B6	12×76	C6	1×62
A7	74×10	B7	88×15	C7	8×14
A8	52×74	B8	62×88	DL	1×20
A9	37×52	B9	44×62	C7/6	8×62
A10	26×37	B10	3×44		

a. 对页表　　　　b. 插页表

图 5－18　对页表及插页表

5.2.4 图片及图空

插图的分类

按照图片与正文的相对位置来分，插图可分为串文图（卧文图）和非串文图（非卧文图），如图 5－19 所示。

a. 非串文图　　　　b. 串文图

图 5－19　按图片与正文的相对位置分类的插图

按图片与版面的关系来分，插图可分为版内图（不超过版心）、超版心图（超过版心尺寸，但小于版面的图）和出血图，如图 5－20 所示。图片的一边或两边超出版面，经裁切后不留白边，这种图称为**出血图**。出血图可起到美化版面的作用。

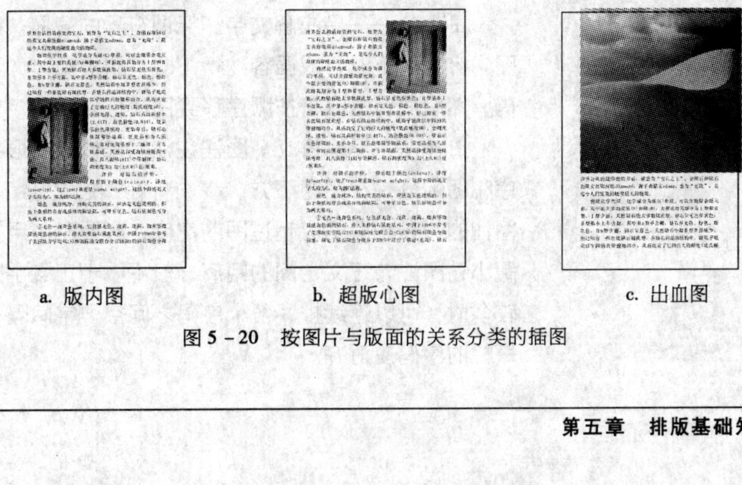

a. 版内图　　　　b. 超版心图　　　　c. 出血图

图 5－20　按图片与版面的关系分类的插图

按图片所占的版面来分，插图可分为单面图、跨页图（采用双码跨单码的方法分排在同一视面的两面内，有时也称为合页图）和插页图（超出开本尺寸而须有大于开本的纸张印刷且作为插页的图）。

按插图的性质来分，可分为线条图、照片图等。在书刊中，一般线条图和照片图是统一编号的。

按图片跨栏与否来分，插图可分为短栏图、通栏图（穿堂式图）、跨栏图（破栏图），如图 5－21 所示。

a. 短栏图　　b. 通栏图　　c. 跨栏图

图 5－21　按跨栏与否分类的插图

插图的文字说明

插图的文字说明包括图序、图名、图内注和图注四部分。

图序——又称*图号*、*图码*。图序是对图形按顺序进行编码的一种序号。书刊插图必须有图序。正文中的图统一用阿拉伯数字表示，且分别称为图 1、图 2、……英文版的图序用 Fig1、Fig2、……表示。对于科技类图书，如果每一篇（章）的插图较多，可按每一篇（章）独立编码，编码方法是在图序的数字前加上某篇（章）的序码，篇（章）号与图号用一个二分下脚点或短线隔开。例如：图 1.1，图 2－1。图序末尾一律不加标点符号。即使图序后面有图名，也只能在图序与图名之间加一倍空隔开。

图名——即图的名称，习惯上把图序和图名总称为图题。一般情况下，插图应有图名。图名置于图序之后，两者之间空一格。图名应简洁而准确地表达图的主题，一般以不超过 15 字为宜。当图名较长时，其间允许有逗号、顿号等标点符号，但图名末尾一律不加标点符号。

图内注——是注解文字和标识符号的简称。如果图中的字符太多，以致图中容纳不下时，或虽容纳得下却有碍美观时，可以把有关字符数字加以编码，然后把有关字符按顺序移到图注位置上。

图注——又称*图说*。图注往往用来说明图形中字符的含义。图注应与图序和图名分排在图题下方，少数排在图题之上。图注末尾也不加标点符号。图注的行长一般不应超过图的宽度，必要时采用折行排，行间距要比正文行距小，图注与正文之间的距离一般不小于正文字的高度。图注的文字项目比较多时，可以连续排，各个序码之间空一字间隔；也可以分栏排，但要注意每栏的序码应对齐。

5.3 报刊杂志排版

5.3.1 报刊的版面

杂志和图书的最大不同在于，图书可以用方正书版系统排版，工作效率很高，但报纸、杂志因其版式复杂，每一页都需要进行设计，所以只能用图文混排的软件进行排版，比如：InDesign、方正飞腾等。

大报正常的版面大小为对开，小报的正常版面为 4 开。《北京青年报》还曾因"瘦报"大做文章，"瘦报"采用 1:1.629 报型，完全与国际接轨，即比传统版心窄 5 厘米、长 3 厘米。因为小型张报纸更易于在拥挤的城市环境中阅读，因此，国际上有采用小报尺寸和压缩型开本的趋势。同样，袖珍版的杂志——大小合适于女士们的随身提包，在美洲和欧洲市场开始流行起来。但目前国内杂志还是以大 16 开的国际豪华开本为时尚。

5.3.2 版心设计

报纸头版构成

报头（Flag）——报头包括报名以及报纸的徽标和广告语。报头一般占据头版的左上角，报头下为报纸的相关说明条，包括主管、主办单位、报纸定价、当日版数。

报眼——在报头的右上方，刊登有出版日期、天气以及要闻简讯或本报报眼广告。

标题（Headline）——新闻的标题或用概括性的文字说明新闻的内容，一般以较大的字体放在正文的上方或两侧。

副标题（Deck）——大标题下方的小标题，用于简要介绍新闻的内容。副标题可以起到突显主标题的作用。摘要性副标题是用一段简短的文字，帮助读者理解文章的内容，以带领读者顺利地进入正文。

导读（Teasers）——是推荐报纸内文中最好的报道，引导读者阅读内文中的文章，导读更像是该报内容的广告。

图片说明——用于一张照片的说明，一般在图片说明后应列出摄影师的姓名或摄影师所在单位名称。

分割线（Cutoff Rule）——用于分割版面内不同栏目的内容。

齐列式版面——多篇文章在版式设计上都采用相似的形式，版面整齐是其显著特点，这种版面适于表现内容上有共性的文章。

广告——一般是报纸办报的经济来源，有的报纸有专门的广告版。

报脚——又称报尾，是报纸最后一版的最后一行，内容包括社址、邮编、电话、开印时间、负责人等。

图 5－22　北京晚报样张

专栏栏花——用来标定撰写文章的知名作者或知名的被采访对象，因有一定知名度可以吸引读者，通常会有该知名人士的肖像及介绍。

刊头——报刊的独特元素，又称题头、头花，用于表示文章或版别的性质，也是一种点缀性的装饰。刊头一般排在报刊的大标题的上边或左上角。

镂空图——将背景去掉的图片。适当地使用镂空图可起到很好的活跃版面的作用。

报身——有些主体为标题新闻，有些为新闻和广告。

底栏——传统的底栏是指一个版的最下边，占有一定高度的通栏位置的版面空间。

辅文——与主要内容相关的内容，通常是加上框放在主要内容旁边。

转文行（Jump line）——告诉读者没排完的内容转至哪一版。

破栏——又称跨栏，在报刊中运用广泛。报刊杂志大多是分栏排的，这种在一栏之内排不下的图或表延伸到另一栏去而占多栏的排法称为破栏排。

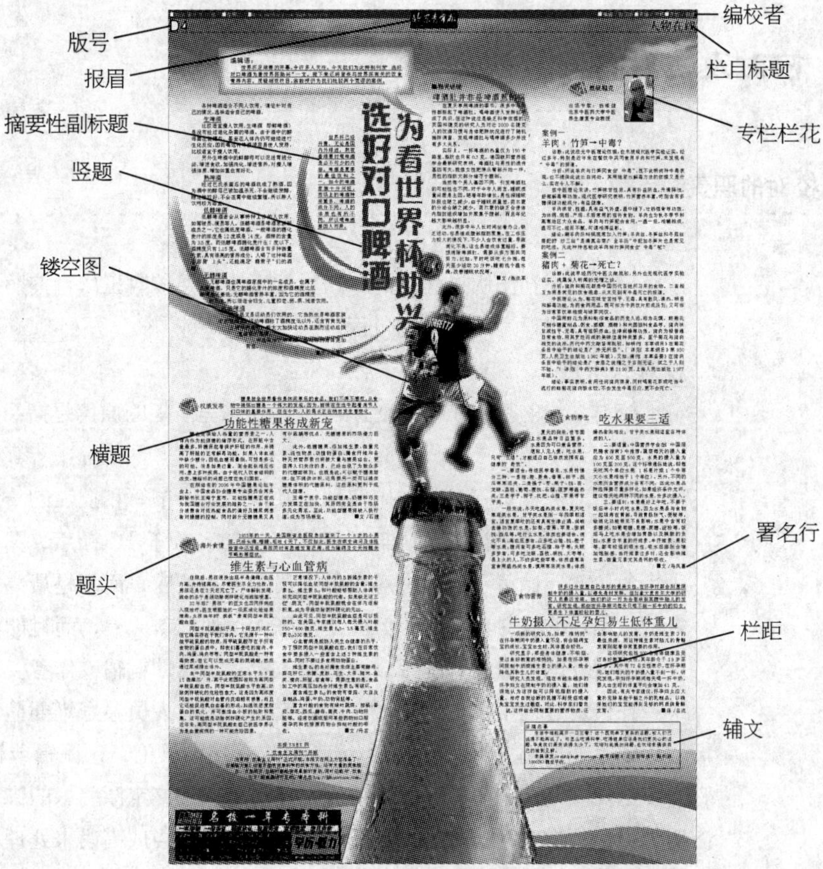

图 5－23　北京青年报样张

图绕文——版面中以文为中心，周围绕排图片的一种方式。

文绕图——版面中以图为中心，周围绕排文字的一种方式。

版心设计

现在报纸极少采用对称式的版式，而是将版心有意识地向两侧移动。根据习惯，重心略微偏向右侧。

排版希望原稿齐、清、定，版式设计也要追求齐、清、定。齐：整齐，一眼看去，版面不乱，文字块与图块码放整齐。清：清爽。过去，正文和标题追求多样化和各种局部效果，花边和线条泛滥，字体、字号百花齐放，如今，基本摒弃各种文字效果，一份报纸上标题字和正文字风格简洁清爽。定：气定神娴。这是追求版面的气韵，图文的面积、摆放及留白恰到好处，有一种生动的韵致。

标题设计

近年来，标题设计出现了新的趋势：①字号加大；②减文增题（减少内容空间，加大标题空间）；③减字增力（减少字数，但增加标题的感染力和吸引力）；④突出主题词；⑤窗式标题开始出现，过去都是竖排或横排，现在出现两折到三折标题，角落上的标题还出现刀把型。

5.4 校对及校对符号

5.4.1 校对的职责

校对是书刊出版过程中的一道重要工序，是校对工作者按照原稿和设计要求对校样进行逐字核对的过程。

校对的职责

校对人员的基本职责是对原稿负责（这里所指的原稿是指经过编辑加工并发排的编发稿）。

所谓对原稿负责，就是忠实地反映原稿上所书写和批注的一切内容，即通过校对，消灭校样上一切与原稿不符的文字、符号、标点、图表以及版式等错误。对原稿负责仅仅是对校对人员的基本要求，而不是最高要求。一个好的、尽责的校对人员，不但能够准确无误地核对原稿，而且能够发现原稿上可能存在的差错，并提出自己的修改意见，帮助编辑或作者校正。

在校对过程中，如果发现原稿有错误，校对人员最好不要擅自改正，可以用铅笔把原稿上的错误记录下来，提出改正意见，让编辑或作者自己校正。这样做既能忠于原稿，分清职责，又有利于核定原稿中的错误。如果校对人员自行做主，有时就可能把本来不是错误的当成错误来处理，以致造成某些不应有的错误或损失。

校对人员应保管好原稿，不得损坏、涂改、丢失。在校样上应严格按照校对符号国家标准的要求标出错误和改正方法，文字要清晰。

校对程序

毛校——在送出版社校对之前，排版单位应自己进行一次校对，称为毛校，其校样称为毛校样。毛校是排版单位质量检查的一部分，没有质量检查的排版单位无法确保排版的质量。

一、二、三校——一般出版社都要经过三次校对，第一次校对称为一校，第二次校对称为二校，一二校中间应退回排版单位改稿。有时在排版单位质量较好的情况下，一校后可不经改版，利用已校过的校样再进行二校，称作一、二连校，这样可以提高出书速度。第三次校对称为三校，也有一校后改稿，二三连校的情况。

核红——一般书刊所采取的是三校付印，实际为四校，第四次校对称为核红，它是校对工作中的最后一道程序。过去的铅排在核红时只检查有错误的部位，但现在计算机排版到出胶片前都有出现意外错误的可能性，因此出完胶片后，应重点对胶片进行检查，除检查改动部分外，还应检查页的首、尾字是否与上一校样一致，观察文内是否有异常（如乱码），特别是造字，如果出片人员在出片时用错了造字库，则全部造字都可能在出片时出错。

校对要求

校对时应做到以下几点：

① 校正校样上的错字及缺字，不要存在多余或遗漏的字句行段，以及接排、另行等差错；

② 改正符号和公式的错误；

③ 检查处理是否符合技术要求，标题、表题、图题是否符合排版规范，字体、字号是否统一，页码是否连贯，书眉有无，线条粗细是否恰当等；

④ 检索注解和参考文献的次序与正文所标号码是否吻合；

⑤ 注意插图、表格、数学公式、化学方程式等位置是否恰当和美观；

⑥ 校正图的位置是否合适，图片质量是否符合印刷要求，线条图图注及线条是否清晰；

⑦ 检查行距是否匀称，字距是否符合规定；

⑧ 统一各级标题，在终校样上核对目录上的文字与文中标题的文字和页码是否统一；

⑨ 检查校样的封面、扉页、版权页、前言、附录等零页是否齐全；

⑩ 其他排版版式中指出的排版要求。

校对时，必须用红色或彩色的笔书写校对符号及改动的内容，但一般不能用灰色笔和铅笔，也不建议用黑色笔。改版人员在改版时未经特殊说明的情况下，铅笔视为无效，不予改动。

5.4.2 校对方法

机校

用校对软件进行校对是近来十分流行的一种校对方法，目前用中文校对软件校对大致有三种方法：

重复录入法——由两个以上的人员分别录入同一文本，用计算机逐字比对。这种方法准确性高，但无法查出原稿中的错误。这种方法看起来实用性不强，但在一些特殊场合很有价值，比如实时记录一个人的报告，可以由几个操作员一起录入，然后通过这种校对方法，可以快速逼真地完成文稿的记录工作。

语音校对法——由语音合成系统将电子文件变成语音读出，再由校对人员对照原稿进行检查。这种方法不能发现同音异体的错误，也无法查出原稿中的错误。

知识库比对法——预先建立一个拥有大批语言材料的词语库，并建立词语搭配关系表、语法规则库、相关知识库、资料库等作为校对的依据。校对时，先用词语库对校对文稿进行分析，再利用各种表、规则、知识库、资料库将文稿中被怀疑有错之处标出供人们判断，并且给出修改建议，提供修改手段。

目前的校对软件大多使用的是第三种方法，它能查出作者原稿中的错误、同音字错误、形近字错误、多字、漏字、各种录入误码错误等。

从以上原理可以看出，校对软件有校对软件的特长，不存在疲惫与疏忽问题。但校对软件在根据上下文意进行差错判断方面就无法与人相比。所以，应采用校对软件与人相结合的方式进行校对。

对校

是将原稿放在左方或上方，与校样对照着核对的方法。这种方法要求原稿与校样尽量靠近，以缩短核对中两眼反复移动的距离，防止过分疲劳。校对时，左手指着原稿，右手持笔指着校样，两手随校对的速度而移动，发现问题，用笔在校样上标示出来。

折校

折校是用大拇指、中指和食指夹持校样，校前将校样轻折一下，然后将校样靠近原稿文字相比对的校对方法。校对时，原稿平放桌上，两手夹持校样从左向右徐徐移动，使得原稿和校样上的相同文字依次一一对照，两眼能同时看清原稿和校样上相对的文字。校完一行，可用大拇指和中指推移稿纸换行，用食指轻压校样。改正校样错误时，可左手压住校样，右手持笔改正。

读校

读校是两人合作进行的校对方法。校对时，一人读原稿，一人看校样。读原稿时不但要读文字，而且要读出版面和文字的标点符号及具体要求。

5.4.3 计算机校对软件

目前国内使用的中英文校对软件主要有黑马校对软件、金山校对软件、工智校对通等，Word、方正排版软件中也有校对的功能。

Word 中的校对功能

Word 可以采用前、后台两种方式校对中文。在 Word 的“工具”菜单中的“拼写和语法”命令中，可实现对选定文本或全文的前台校对。Word 还可添加像姓名这样的中文用户词典以自定义词语。

后台校对是 Word 在确信有错误的中文词语下面，显示红色的波形下划线；在不能确定是否有误但建议你仔细检查的中文词语下面，显示绿色的波形下划线。

黑马校对软件

黑马校对软件是一种目前使用十分广泛的校对软件，它的功能如下：

① 精确校对错别字、多字、少字、词语搭配不当、异形词、繁体和语法语义等各类中文错误。

② 准确校对英文、标点、数字、科技计量单位和重句等各类错误。

③ 直接校对包括涉及台湾在内的政治性错误，具有领导人姓名职务检查、领导人排序检查等校对功能。

它可直接嵌入在 Word 和飞腾排版系统内部与之融为一体使用，也可以全真地显示方正、华光系统排版的 S2 或 PS 大样文件，对 S2 文件、PS 文件、方正小样文件、Word 文件、飞腾文件进行校对。

为实现高质量的校对，它内嵌了一个超大规模词库，语法知识库超过3000 万条、还包括 125 万条错误词汇和 79 个专业库。

它可以生成勘误表，除此之外，它还可以将方正大样文件和小样文件转成文本文件，以及具有批量查找功能，辅助校对、辅助建立书稿索引的功能。

5.4.4 校对符号的国家标准

表 5－4 《校对符号及其用法》国家标准示例

编号	符号形态	符号作用	符号在文中和页边用法示例	说　明
			一、字符的改动	
1	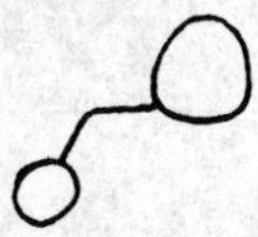	改　正	增高出版物质量。 提 改革开攻 放	改正的字符较多，圈起来有困难时，可用线在页边画清改正的范围 必须更换的损、坏、污字也用改正符号画出
2		删　除	提高出版物物质质量。	
3	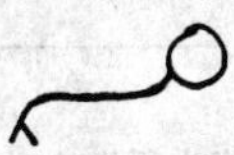	增　补	要搞好校工作。 对	增补的字符较多，圈起来有困难时，可用线在页边画清增补的范围
4	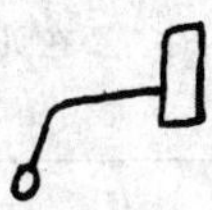	改正上下角	16=42 2 H_2SO4 4 尼古拉费欣 · 0.25+0.25=005 . 举例2×3=6 : XY=1:2 :	
			二、字符方向位置的移动	
5		转　正	字符颠倒要转正。	
6		对　调	认真经验总结。 认真验结经总。	用于相邻的字词 用于隔开的字词
7		接　排	要重视校对工作， 提高出版物质量。	

编号	符号形态	符号作用	符号在文中和页边用法示例	说　明
8		另　起　段	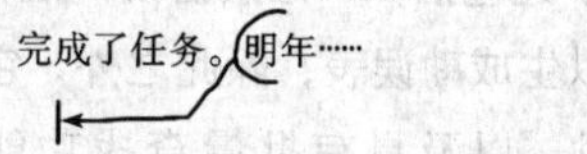 完成了任务。明年……	
9	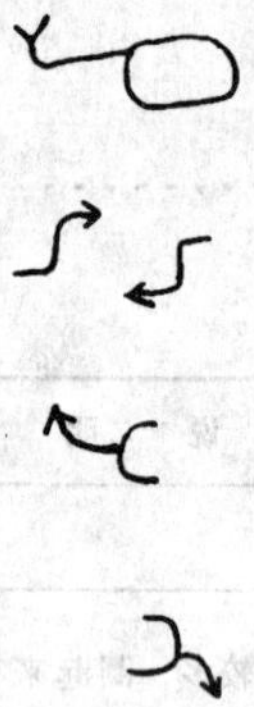	转　移	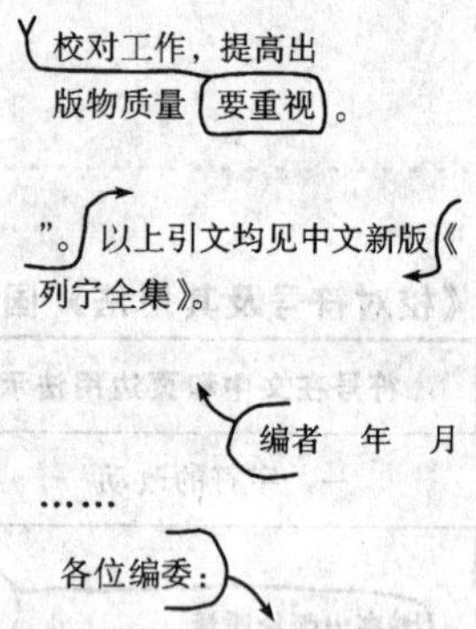 校对工作，提高出版物质量 要重视。 ”。以上引文均见中文新版《列宁全集》。 编者　年　月 …… 各位编委：	用于行间附近的转移 用于相邻行首末衔接字符的推移 用于相邻页首末衔接行段的推移
10	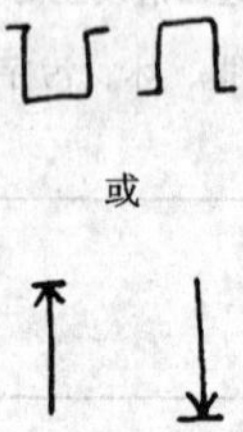	上下移	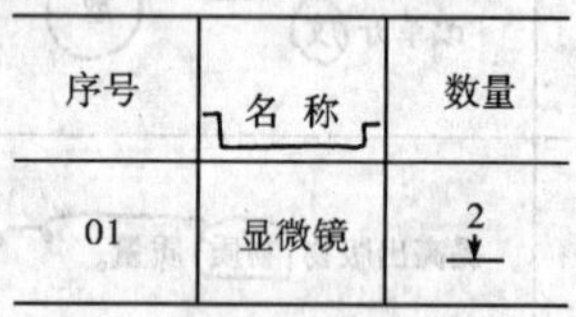 序号　名 称　数量 01　显微镜　2	字符上移到缺口左右水平线处 字符下移到箭头所指的短线处
11	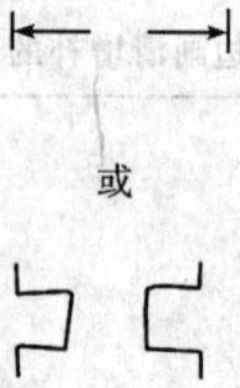	左右移	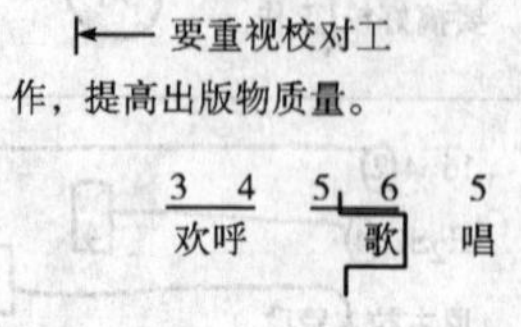 要重视校对工作，提高出版物质量。 3 4 5 6 5 欢呼　歌　唱	字符左移到箭头所指的短线处 字符左移到缺口上下垂直线处 符号画得太小时，要在页边重标
12	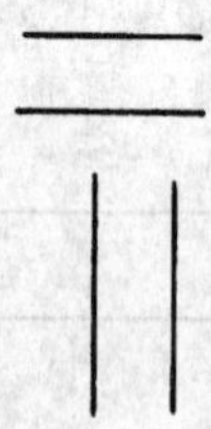	排　齐	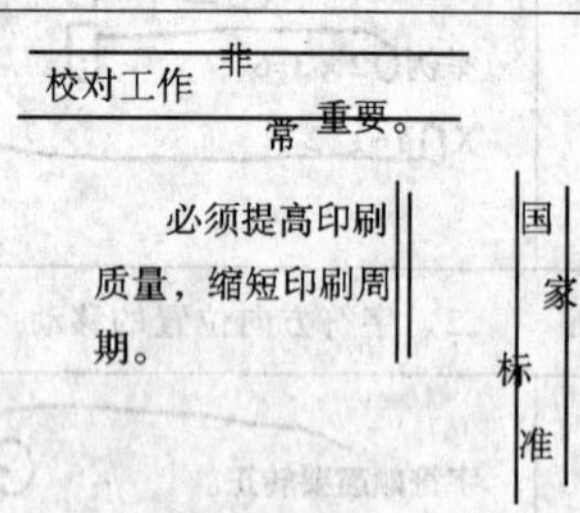 校对工作 非 常 重要。 必须提高印刷质量，缩短印刷周期。 国 家 标 准	
13		排阶梯形	 RH_2	
14	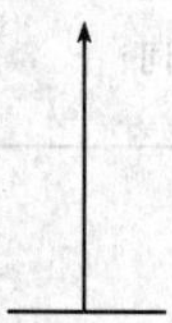	正　图	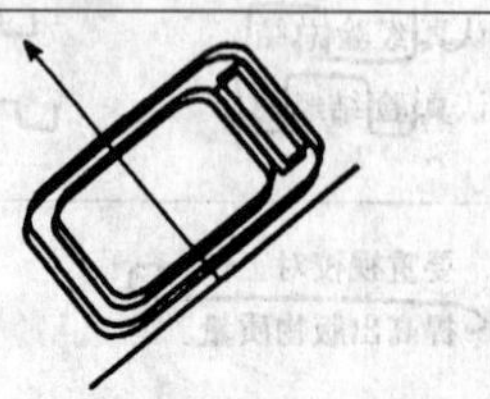	符号横线表示水平位置，竖线表示垂直位置，箭头表示上方

续表

编号	符号形态	符号作用	符号在文中和页边用法示例	说明
三、字符间空距的改动				
15	∨ >	加大空距	一、校对程序 校对胶印读物、影印书刊的注意事项：	表示在一定范围内适当加大空距 横式文字画在字头和行头之间
16	∧ <	减小空距	二、校对程 序 校对胶印读物、影印书刊的注意事项：	表示不空或在一定范围内适当减小空距 横式文字画在字头和行头之间
17	#	空 1 字距 空 1/2 字距 空 1/3 字距 空 1/4 字距	第一章校对职责和方法 1. 责任校对	多个空距相同的，可用引线连出，只标示一个符号
18	Y	分　开	Good morning!	用于外文
四、其　他				
19	△	保　留	认真搞好校对工作。	除在原删除的字符下画△外，并在原删除符号上画两竖线
20	○=	代　替	兰色的程度不同，从淡兰色到深兰色具有多种层次、如天兰色、湖兰色、海兰色、宝兰色…… ○ = 蓝	同页内有两个或多个相同的字符需要改正的，可用符号代替，并在页边注明
21	○○○	说　明	改黑体 第一章 校对的职责	说明或指令性文字不要圈起来，在其字下画圈，表示不作为改正的文字。如说明文字较多时，可在首末各三字下画圈

5.4.5 英文的校对符号

近年来，国内排版公司为国外排版的情况越来越多，因此，了解国外的校对符号就变得非常重要。英文校对时有一些特殊的要求。

1. 为每一个标识或印刷改正说明规定一个单独的记号。

① 在正文中：指出说明所指的准确位置；

② 在页边空白上：详述说明的意思。

应该注意，一些说明是结合原文的页边标记。

2. 当一行中有许多说明时，页边标记可能会被分为两部分，分别放到左右两边的页边空白上，两边的顺序都是从左往右的。

3. 写在校样上的内容、注解和说明是为了补充原文和页边标记的。这些都是为了清楚的区分校样中做出的改正。通常情况下，这些都是用圆圈或适当的颜色表示出来的。

4. 校对标识错误时，应该按照如下规定使用墨水的颜色：

① 排版员标记文字错误时用黑色；

② 客户标记文字错误时用红色；

③ 客户做出的改动和说明用黑色或深蓝色。

A 组　常规

说　明	正文标记	页边标记	举　例
修改结论	无	/	
保持不变	……………… 下加点的文字表示不删除，保持不变	Stet	校样：Under Characters (stet) 结果：Under Characters
移开无关标记	移开标记内内容	×	
如对准确性有怀疑，请查阅相关资料	圈形标记表示其内容可能不准确	(?)	

B 组　删除、插入和替换

说　明	正文标记	页边标记	举　例
插入新内容，所插入的内容在页边空白上	⋏	⋏ 其后有插入的新内容	校样：Under C⋏acters har ⋏orr 结果：Under Characters
插入额外的内容，用带字母 A 的菱形表示	⋏	⋏ 人形标记后面跟一个菱形标记，例如◇A	校样：Under⋏Characters ⋏◇A 结果：Under and a Characters
删除	用斜线或横线穿过要删除的文字 / ├──┤	∂	校样：Under ~~and~~ Characters 结果：Under Characters

续表

说明	正文标记	页边标记	举例
删除并合并其前后内容	用斜线或横线加括号穿过要删除的文字		校样：charaacter charaaeter 结果：charater
替换字符或字符的一部分	用斜线或横线穿过要替换的字符或字	新的字符或字	
字体不对，用正确的字体代替	画圈的字符需要更正	wf.	校样：Under Charⓔcters *wf.*ⓐ 结果：Under Characters
改变损坏的字符	画圈的字符需要更正	×	
设置或变为斜体	有下画线的字符需要改斜体		校样：Under Characters 结果：*Under* Characters
设置或变为大写	有三条下画线的字符需要改大写		校样：under characters 结果：Under Characters
设置或变为小型大写字母	有两条下画线的字符需要改小型大写字母		校样：Under Characters 结果：UNDER Characters
将单词的首字母变为大写字母，其余的变为小型大写字母	有三条下画线的字符变为大写字母 有两条下画线的字符变为小型大写字母		校样：under Characters 结果：UNDER Characters
设置或变为粗体	下画波浪线的字符需要改粗体		校样：Under Characters 结果：**Under** Characters
把粗体变为正体	画波浪线和横线的字符需要改变		校样：**Under** Characters 结果：Under Characters
设置或变为粗斜体	画波浪线和横线的字符需要改变		
把大写字母变为小写字母	标出的字符需要变为小写字母		校样：UNDER Characters 结果：under Characters
把小型大写字母变为小写字母	标出的字符需要变为小写字母		校样：UNDER Characters 结果：Under Characters
把斜体变为正体	标出的字符需要改变		校样：*Under* Characters 结果：Under Characters
倒字改正	标出的字符需要改变		
设置或插入上标	用斜线穿过字符或用人字形符号插入到需要的地方	在字符旁加，例如：e.g.	

续表

说　明	正文标记	页边标记	举　例
设置或插入下标	/ 用斜线穿过字符或用 ⋏ 人字形符号插入到需要的地方	在字符上加 ⋏，例如：e.g. ⋏₂	
连接分离字符	├──┤ 用横线穿过要改正的字符	⁀ e.g. ffi	
用连写替换单独的字符	├──┤	写出单独的字母	
替换或插入全身点或小数点	/ 用斜线穿过字符或用 ⋏ 人字形符号插入到需要的地方	⊙	
替换或插入冒号	/ 用斜线穿过字符或用 ⋏ 人字形符号插入到需要的地方	(:)	
替换或插入分号	/ 用斜线穿过字符或用 ⋏ 人字形符号插入到需要的地方	;	
替换或插入逗号	/ 用斜线穿过字符或用 ⋏ 人字形符号插入到需要的地方	,	
替换或插入撇号	/ 用斜线穿过字符或用 ⋏ 人字形符号插入到需要的地方	'	
替换或插入单引号	/ 用斜线穿过字符或用 ⋏ 人字形符号插入到需要的地方	' and/or '	
替换或插入双引号	/ 用斜线穿过字符或用 ⋏ 人字形符号插入到需要的地方	" and/or "	
替换或插入省略号	/ 用斜线穿过字符或用 ⋏ 人字形符号插入到需要的地方	...	
替换或插入前导点	/ 用斜线穿过字符或用 ⋏ 人字形符号插入到需要的地方	(...)	
替换或插入连字号	/ 用斜线穿过字符或用 ⋏ 人字形符号插入到需要的地方	├-┤	
替换或插入直线	/ 用斜线穿过字符或用 ⋏ 人字形符号插入到需要的地方	├─┤	
替换或插入斜线	/ 用斜线穿过字符或用 ⋏ 人字形符号插入到需要的地方	(/)	

C 组　位置和间距

说　明	正文标记	页边标记	举　例
开始新的段落	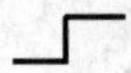		
连接上下文(不起新段落)	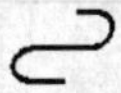	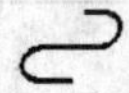	
调换字符或字的顺序	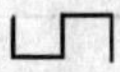 在字符或字之间,需要时可以编号	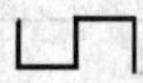	校样:Under Characters 结果:Characters Under
调换大量的字符或字的顺序	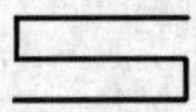	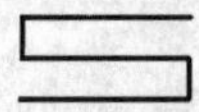	
调换行序	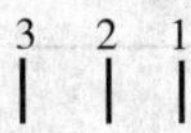	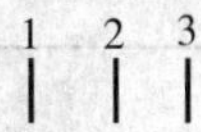	
调换多行的顺序		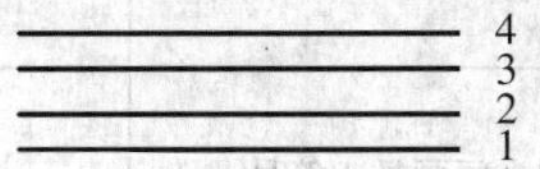	
居中	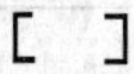 括号里的内容居中		
缩进	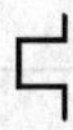	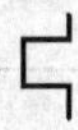	
取消缩进	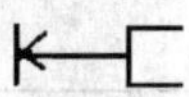		
设置行对齐到指定位置	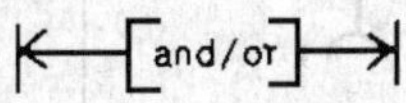		
设置栏对齐到指定位置	 例如: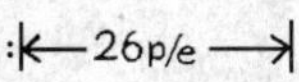		
将内容向右移到指定的距离	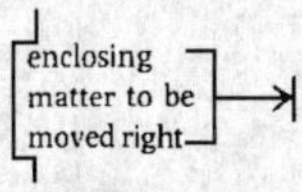 括号里的内容向右移	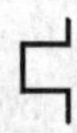	校样:Under Characters 结果:　Under Characters
将内容向左移到指定的距离	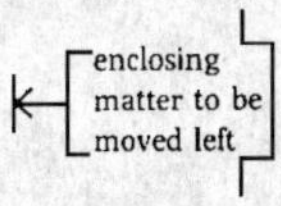 括号里的内容向左移		
将字符、字或行移到下一行、栏或页			校样:Under Characters and 结果:Under Characters and
将字符、字或行移到上一行、栏或页			校样:Under Charac - ters 结果:Under Characters
上移内容	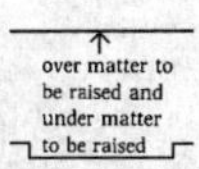 上下标记内的内容向上移		

续表

说　　明	正文标记	页边标记	举　　例
下移内容	over matter to be lowered and under matter to be lowered 上下标记内的内容向下移		
修正纵对齐	||	||	
修正水平对齐	上下行不平行 matter e.g. misaligned		
连接前后内容，删除字符或字之间的空格	连接字符		校样：Under Characters 结果：UnderCharacters
在字符之间插入空格	在字符之间画插入符号		
在词之间插入空格	在词之间画插入符号		
减小字符间距	在字符之间减小空间		
减小词间距	在词之间		
使字符或词间距相等	在字符或词之间		

6 排版规范

6.1 正文排版规范

6.1.1 正文排版规范

综观正文排版的发展历程，版式设计越来越自由随意，但随之而来的则是排版规范的越来越严格和标准化。在计算机排版软件中，基本都设有排版禁则（Typesetting Taboo），即文字排版中禁止出现的排版格式。

版式风格禁则

美是因人而异的，排版的版式也需因书刊分类而异。政治时事类书刊，用字、插图须端正大气，少用花哨的效果；文艺类书刊，格调、情调及品位都很讲究，不能排出一副陈旧的面孔；生活娱乐类书刊，要灵动、随意、活泼，面孔不能死板。书刊受众不同，版面上也要注意有针对性。低幼和老人读物字号要大，行距要疏，青年读物则相反，但一定要形式美。另外，杂志和报纸固定版面的排版风格一定要有相对的稳定性，不能今天粉墨登场，明天素面朝天。那种一期报刊中大杂烩式的版面风格只能说明设计者的不成熟。

正文的字号

书籍正文字号一般采用五号字；杂志、百科全书多用小五号字；字典类图书为让版面中容纳更多的文字一般采用六号字；小学教科书、儿童读物和老年读物正文字号较大，一般采用四号或小四号字；公文类文件为显示其重要性一般字号较大，有的使用三号字排版。

正文中字号不宜频繁变化，否则会产生零乱的感觉。

字体的应用

纸质图书中，汉字一般采用宋体做正文字体，英文则多采用衬线字体。报纸排版一般采用为排报专门设计的报宋做正文字体。

网页中英文应采用非衬线字体，中文则应采用等线体或细黑体做正文。但实际工作中，往往系统提供的宋体比其他任何字体的显示效果都好，因为系统中的宋体在 12p、10p、9p 时自动转换为微软专门精心设计的字库，其实宋体在这些磅数时显示的并不是真正的宋体，只不过是三种点阵字而已。如果用 8p 字，虽然跟 9p 字只差 1p，字型则非常难看，换用其他的宋体，虽然也用这三种磅数，字型也将变得十分的难看。

正文行距和行长的确定

首先行距一定要大于字距，否则会让人产生竖排的错觉。

排版时正文行距大小的设计与正文所用字号有关，一般行距是正文字号的一半，当正文行长超过 28 个字时，应把行距加大到 3/4 或 2/3 字，行距过小会导致人的视觉疲劳。

行长不宜过长，一般在 20 ~ 30 个字之间较好，行长过短频繁回行会影响阅读的流畅性。尤其英文行长过短时，由于英文单词较长，要想左右齐行，经常会出现松松垮垮，或分音节断行太多的情况，严重影响文章的连贯性和美观。而行长过长则与行距过小一样容易让读者产生视觉疲劳，经常串行，行长一般不宜超过 40 个字。

换段与齐行

在传统的中文排版中，“换段”是指另起一段时回行后须前空两字排版，也称为首行缩进两字。而“换行”则是指在换段时文字顶格排。换段后顶格排在中文传统的排法中是少有的，而英文报刊则顶格排的形式颇多。近来中文报刊受此影响，也出现了顶格排的现象，甚至出现悬挂缩进排法——将段落中第一行以后的各行逐一按第一行中某字的位置的垂直线向右排，如图 6 - 1 所示。

　　1. 在传统的中文排版中，“换段”是指另起一段时回行后须前空两字排版，也称为首行缩进两字。
　　2. 而“换行”则是指在换段时文字顶格排。

a. 换段

1. 在传统的中文排版中，“换段”是指另起一段时回行后须前空两字，也称为首行缩进两字。
2. 而“换行”则是指在换段时文字顶格排。

b. 换行

1. 在传统的中文排版中，“换段”是指另起一段时回行后须前空两字，也称为首行缩进两字。
2. 而“换行”则是指在换段时文字顶格排。

c. 悬挂缩进

图 6 - 1　换段、换行和悬挂缩进

在微软和 Adobe 的排版系统中，“换段”和“换行”另有其他的含义。换段是指段与段之间用回车（Enter）分开，形成不同的段落，段落与段落之间版式相互独立。而换行通常指用“Shift + Enter”，文字内容虽换了一行但仍处于同一段内，段落的版式定义对两行内容均起作用。

在近几年的排版系统中，通过定义段落的版式来实现对文字块的版式控制已经十分流行。

在中文排版中，不到段落结束的时候行末必须与版口平齐，甚至不希望因全角标点符号在行末导致版面右侧不整齐的现象。在英文排版中则有两种版式可以选择，一种是行末齐行的方式，一种是行末不齐行的方式，行末不齐行的方式每个单词的间距则是一样的。

单字不成行，单行不成页

段落的最后一行如只剩一个字一般应将本段的标点符号进行调整，将所剩的单字挤到上行，或上一行挤下几个字，以避免单字成行的现象出现。

遇大标题需要另面排时，通常这页中的文字不应少于三行，如一章的最后一页少于三行应将多出的内容缩回到上页或从上页扩出几行文字下来。

栏末应平行

双栏排的版面，如有通栏的图、表或公式时，则应以图、表或公式为界，其上方的左右两栏文字应排齐，其下方的文字再从左栏到右栏接排。在章、节或每篇文章结束时，左右两栏应平行。行数成奇数时，则右栏可比左栏少排一行字。

体例禁则

数字系统中体例不统一也是排版中要避免的问题。在实际稿件中，这种问题很多，如同一段中，有阿拉伯数字也有汉字，上一句为1998，下一句就成了一九九八；再如“在××事件中，直接参与者占34%，未参与者占百分之十……”这句话中出现的“34%”和“百分之十”的写法上不统一。按规定，除文学作品外，数字一律统一为阿拉伯数字。

6.1.2 页码及书眉的排法

页码

横排书单页码应放在右页，双页码应放在左页，竖排书相反。页码应排在书籍的切口，不宜排在订口，否则会给读者翻书带来不便。像论文之类的上翻书，页码应放在下方的中央位置以便查阅。

目录页单独编页码，页码的设计形式应与正文有所不同。序言、前言和目录一样，篇幅较长时也需要单独设计页码，以上这些内容篇幅不超过一页时可采用无码。附录、参考文献、索引、后记等内容应按正文页码顺序编码。

篇章页单占页时一般应排暗码。

书眉

单双页的书眉可以相同也可以不同，如果单页书眉用一级标题，则双页书眉应用书名，如单页书眉用二级标题，则双页书眉应用一级标题，总之，双页书眉应比单页书眉高一个等级。书眉的文字一般应排在切口，书眉字号一般比正文字号小1~2号。书籍中空白页、另面起排的篇章页可不排书眉。当图片超出版心占据了书眉位置时也可不排书眉。

6.1.3 标点符号的排法

行首标点禁则

以下排在句中及句尾的标点符号不能出现在行首。

<table>
<tr><td>、</td><td>，</td><td>；</td><td>。</td><td>！</td><td>·</td><td>：</td><td>？</td><td>¨</td><td>•</td><td>ˊ</td><td>ˋ</td><td>ˇ</td><td>ˉ</td><td>—</td><td>‖</td></tr>
<tr><td>）</td><td>〉</td><td>》</td><td>］</td><td>｝</td><td>」</td><td>』</td><td>】</td><td>〕</td><td>〗</td><td>|</td><td>～</td><td>’</td><td>”</td><td>…</td><td>∶</td></tr>
</table>

行末标点禁则

以下排在句中、句首或词首的标点符号不能出现在行末。

<table>
<tr><td>（</td><td>［</td><td>｛</td><td>·</td><td>‘</td><td>“</td><td>〈</td><td>《</td><td>「</td><td>『</td><td>【</td><td>〔</td><td>〖</td><td>£</td><td>¥</td><td></td></tr>
</table>

行末拆分禁则

换行时，下列情形不可拆分：

① 完整数字；

② 占两个字的符号：如省略号、破折号；

③ 数字前后附加的符号（如：55%，r20，-30℃，×10，~40）。

排版中的点“·”

数字后标点的运用是有规范的，很多人不加分辨，一律在数字后用小圆点是不对的。中文序码后一般用顿号（如：“三、”）。阿拉伯数码后习惯用下角点（如：“2.”），不能用顿点（如：“5、”）。

下角点“.”作为英文句号和小数点在外观上没有区别，但在使用上区别很大。英文句号可以有半角和全角之分，但小数点则绝对不可以用全角标点，题序中的下角点可使用全角或半角标点。带小数点的数字是不可以在小数点处换行的，但在英文句号后换行是理所当然的。在方正排版系统的动态键盘中有专门的小数点以区分英文的句号，其输入方法为动态键盘数学符号键盘上的“Shift+4”（方正内码 AAB1）。外文缩写号也用下角点，该符号应当用对开标点。在中文科技类图书中常用下角点“.”代替中文的句号“。”。

中圆点“·”不但表示外国和少数民族名字的姓和名之间的间隔，而且表示书名和篇名之间的间隔，在数学中可以表示乘号“$a \cdot b$”，在化学中还可以表示复合化合物中不同分子结合的记号。

翻译的外国人名，译名的间隔号处于中文后时用中圆点，如：美国作家埃·布·怀特；处于外文后时应用下角点，如：埃·B. 怀特；在纯外文的外国人名中要遵照国际习惯用下角点，如：E. B. White。

排版中的“。”

中文句号“。”横排时应排在左下方□，竖排时应排在右上方□，标点符号居中排时应排在中央位置□。

表示度数（degree）的时候排在左上方□，而摄氏度也可以直接用℃来表示。

注意百分号“%”和千分号“‰”中的圈、数学中的下标“A_0”和英文小写字母“o”不要与句号“。”混淆。这也是在中文科技类图书的排版中用“.”代替“。”的原因。

排版中的“○”

排版中应注意区分数字“0”、英文大写字母“O”、小写字母“o”以及中文“一九八〇年”中的“〇”（方正内码 FCA1）。在数学排版中还有一个“○”表示数学中的圆周（Circumference），而“⊙”则表示圆（Circle）。

排版中的短线“-”

英文连字符“-”（Hypben）占三分之一字符，它的高度位置较低，与英文字符相匹配[-]，在方正系统动态键盘控制键盘下输入“-”（方正内码 AAB2）。例如：editor-in-chief;

半字线“-”占半个汉字宽，位于汉字的中央[–]，常用做减号、负号，也用于复合词组和各种型号、牌号、图表的序号等，如：“3 + 4 = 7”、“-8℃”、“图 2-4”等；

一字线“—”也称英文破折号，占一个字宽[—]，用于表示起止及标准代号与年代的分隔号等，如：GB2312—80、中国—巴西等；

中文破折号“——”占两个字宽[——]；

波浪线“~”占一个字宽，一般表示数字的起止范围；如：“1949 ~ 2006”、“30% ~ 50%”。

排版中的“′”、“’”和“ˈ”、“ˌ”

“,”在左下方时[,]为中文逗号，在左上方时[’]可以表示单引号、外文缩略词符号（“didn’t”）、所有格符号“Lilly’s book”、汉语拼音中的隔音符号（Xi’an 西安）。

硬撇“′”是表示“分”的符号，“″”是表示“秒”的符号。在数学中可用作上角标“A'”、导数“f'”。撇的方向自右向左。

“ˈ”是标注英语音标的重读音节的符号（“〔ˈefət〕”），撇的方向自上而下。在方正书版中使用内码“((NACF1))”进行输入；在 word 中需要使用插入符号的方式进行输入；在 PC 和 Mac 机上可直接在半角状态下打单引号键进行输入，但一定要注意字体的选择。

次重音符号“ˌ”，方向自上而下（ˌdɪsəˈpir）。方正书版和飞腾中的动态键盘提供给用户的次重音符号是“国际音标一”中的“=”(即方正内码 ADFD)，“ˌ”是不对的，这个符号的方向是自下而上，如果用户要输入正确的次重音符号只能用重音符号下移 5/9 字的方法，或者使用外挂字体；

在 PC 机上要正确输入这些音标符号可使用 Kingsoft Phonetic Plain 字体，在键盘上输入“5”为重音符号“ˈ”，输入“7”为次重音符号，输入“:”为长音符号“ː”。但这个次重音符号也是自下而上的“ˌ”。

排版中的数学符号

“∞”为无穷大符号，“∝”表示成比例，“∽”表示相似符号，“≌”表示全等符号，“≈”表示约等于，“≡”表示恒等于。

排版中的“＊”

应注意以下符号的区别：乘号“×”、五星号“∗”、六星号“＊”（也可以用作注释）、八星号“✱”。在计算机程序中乘号用“＊”，其他情况下用“×”。

排版中的“Δ”

“△”表示数学中的三角形，“Δ”是希腊字母。

排版中的“<”

排版时应区分数学中的角“∠”、制表符“⊔”、单书名号“〈”（也可以作括号用）、小于号“<”。

中英文标点符号差异

① 中文有英文无：如顿号“、”、间隔号“·”、着重号“ . ”。

② 中英文皆有，但写法不同。如中文句号为空心圈，英文为实心点。

③ 中英文皆有，但位置不同。如省略号，中文在行中，英文在行底；中文中冒号的点在下角，英文的冒号上下居中。但中文有两个例外，一是比赛的比分，如“23:27”，就不能写成“23：27”；二是用于时间的表示时，必须用英文的冒号，如“6:34:32”。英文冒号和比号的区别在于前者偏左，后者左右居中。属于引语的逗号、句号在中文和美式英语中位于引号内，而在英式英语中多位于引号外；引语内再套用引语时，中文和美式英语中双引号在外，单引号在内，而英式英语中的单引号在外，双引号在内。

④ 中英文皆有，但规则不同，如省略号。中文中省略号后不能加任何标点符号。英文中省略号后可加句号，就变成了四个小实点。

⑤ 中英文名称一样，但用法不同，如句号“。”。中文只能用在句尾，但英文可以用在名词中，表示省略的意思，如 Mrs.、Dr.、P. S. 等。但当缩写的字母组成了固定单词时则不使用句点，如 WTO、GE 等。中文的分号用于并列关系，但英文的分号可用于有关联意思的句子中。后面经常和连接副词 thus，however，therefore 一起使用。下句就用错了逗号：The essay is poorly organized，there is no central idea。正确应为：The essay is poorly organized；there is no central idea。

⑥ 中文无，英文有，如连字号 Hyphen(-)。英文表示百位以内的数字，不能用阿拉伯数字，如：twenty-two。但在表达日期时可以用阿拉伯数字，以月-日-年的次序或日-月-年的次序，日和年之间加逗号而月和年之间习惯上不加逗号。例如：误把“10 August 2005”写成“10 August，2005”。英文还可以将单词按音节断开加连字线后回行，但不能跨页。

撇号或省字号 Apostrophe（'）也是中文中原来没有的，如“my son's”、“Don't use”、“I'd like to”。

⑦ 中英文形式截然不同，但表达同一种作用。如中文的书名号，英文则用字底线 Underline（﹏）或斜体（Italics）方式表示书名号。英文中外来语，尤其是动植物科目必须用字底线表示。英文字底线表示强调的意思时和中文中着重号作用相同。

6.1.4 外文的排法

外文大、小写字母的使用

一般情况下，外文字母常用小写表示，但在下列情况下应予大写。

① 每个段落的段首字母，每句话的句首字母均用大写字母，人称代词 I 永远是大写。例如：

That is a best song that I have ever heard. （那是我所听到的最好的一首歌。）

②人名中的姓、名、父名的首字母应大写（其中：复姓应连写，其首字母大写；双名可连写或用连字符连接，其第一个字的首字母大写）。例如：

Hongbing Li.（李红兵）

③ 地名、建筑物名称、朝代名称中属专有名词部分，实词的首字母应大写。例如：

Shanghai（上海）

④国家、国际组织、国际会议、条例、文件、机关、党派、团体、学校等名称中，其实词的首字母应大写。例如：

the People's Republic of China（中华人民共和国）

⑤参考文献表中篇名的首词首字母应大写，其余字母一律小写（但其中专有名词的首字母应大写）。

⑥报纸、书刊名称中的实词首字母应大写（缩写词亦同）。例如：

the People's Daily（《人民日报》）

⑦为了突出主题，有时书刊的标题、章节名称等也可全部用大写字母表示。

⑧缩写字母一般用大写。例如：

ISO = International Standardization Organization（国际标准化组织）

⑨月份的首字母应大写。例如：

October（十月），May（五月）

⑩在外文书籍中，一些短小标题或作者姓名经常采用不同字号的大写字母表示。例如：VOCABULARY（词汇表），QING ZHANG（张青）。

外文字体的应用

1. 白正体的应用

①属于化学元素符号，应排成正体，并注意大小写的区分。例如：

H_2O　CO　Fe

②温度符号应排成大写正体。例如：

℃　°K　℉

③用拉丁字母表示的物理量单位。例如：

m　dm　cm　kg

④代表形状的符号应用大写正体。例如：

T－形　U－形　V－形

⑤计算机程序和指令。

⑥国际标准代号，如 ISO（国际标准）；ISO/R（国际推荐标准）；GB（国家标准代号）；行业标准代号，如 HG、CY 等；企业标准代号 Q。

⑦国名、地名、人名，如：China（中国），New York（纽约），Einstein（爱因斯坦）等。

⑧仪器、元件、样品等的型号，如 X—Y 记录仪，8mmGUNN 振荡器，ILSM—15 催化剂等；实验编号、试样编号，如 I—1、II—2 等。

2. 白斜体的应用

①用外文字母代表的物理量，如 *m*（质量）、*F*（力）、*p*（压力）、*W*（功）、*v*（速度）、*Q*（热量）、*E*（电场强度）等。

②无量纲参数，如 *Ma*（马赫数）、*Re*（雷诺数）等。

③正文中用于表示重点句的用斜体。

3. 黑正体的应用

①用于表示书名或突出主题之用。

②在没有等线体的情况下，也有用正黑体代表张量的（但属于非规范情形），如 **S**、**T** 等。

4. 黑斜体的应用

①矢量的印刷形式用黑斜体，手写的原稿一般在字母上方加上一个箭头。

②张量的印刷形式一般用方头黑斜体（即一种等粗笔画且没有棱角的黑斜体）表示，手写原稿一般在字母上方加两个箭头。

外文回行的一般规则

一个外文单词在上行尾排不下，需分拆一部分移至下一行行头，叫外文回行，或称“断句”。

想要准确地断句，首先要具备外文的元辅音基础知识。

外文中有五个元音：a、e、i、o、u。一个半元音 y。

辅音共 20 个：b、c、d、f、g、h、j、k、l、m、n、p、q、r、s、t、v、w、x、z。

双元音：au、ou、oi、oy（ee、oo）。

双辅音：ch、ck、dr、ds、gh、gk、ng、nk、ph、sh、sp、st、tr、ts（ss）。

回行的一般规则如下：

①两个元音中间有一个辅音，把辅音分到后边。

例：pupil 可分成 pu-pil，peking 可分成 pe-king。

②两元音中间有两个辅音，要从两个辅音中间分开。

例如：office 可分成 of-fice，morning 可分成 mor-ning。

③两个元音在一起，不要分开。

例如：book、door。

④双辅音两个字母不能分开。

例如：ch、th、sh、ng、nk 等。

⑤元音 e 不发音时，不能作一个音节来移行。

⑥对于合成词，只能在两词交接处转行。例如：classroom 只能转排成 class-（上行行末）和 room（下行行首）。有些合成词本身就带有连字符，这时，只能在原有的连字符处转行，并保持原词的一定含义。例如总编辑：editor-in-chief，虽可分解为 ed-i-tor-in-chief，但只能转排为 editor-和 in-chief 或 editor-in-和 chief。

此外在回行时还应注意：

①单音节的词不可断句回行。例如：have、light、am。

②英文单词的转行，只能在同一面内的某一段落中进行，而不能以“转行词”作为段落的结尾，或者说，每一段落中的最后一个词是不能转行的。凡有以上情况者，一律采用整词转行。

③排版时，上行行末和下行行首仅有一、二个字母时，应通过压缩标点空间，或者把一两个字母移到下一行去，变为整词转行，或者把这一二个字母都挤排在同一行内，形成不转行的版面。必要时，也可在上行行末或下行行首处增加一个音节。例如：university 一词，不能排为 u-和 niversity 或 universi-ty，而可排为 university，或排为 uni-versity，或 univer-和 sity。

④避免缩写专用名词断句回行。

⑤被拆开的词必须放置连接符“-”，回行连接符一般使用 3 分字符，并应放置在上行行尾，不可放置在回行行头。

中英文混排

中英文混排时，字体粗细和字形特征应配套，宋体应与衬线字体配套，黑体应与非衬线字体配套，黑正体应与小标宋字体配套。

中外文混用禁则

中文中的标点符号主要来源于外文，但已形成了自己的一套体系。实际中，中英文标点符号混用的错误比比皆是。如引号应该用“”而用了"" 等。

6.1.5 标题排版禁则

标题的字体、字号

标题的字体应与正文的字体有所区别，既美观醒目，又要与正文字体协调。标题字和正文字如为同一字体，标题的字号应大于正文。

标题的字体字号要根据书刊开本的大小来选用。一般来说，开本越大，字号也可相应加大。16 开版面可选用一号字或二号字作为一级标题，32 开版面可选用二号字或三号字作为一级标题。

应根据一本书中标题分级的多少来选用字号。多级标题的字号，原则上应按部、篇、章、节的级别逐渐缩小。常见的排法是：大标题用二号或三号，中标题用四号或小四号，小标题用与正文相同字号的其他字体。

标题的字距、占行和行距

在传统排版中，所有标题都应当是正文行的倍数。

标题所占位置的大小，视具体情况而定。篇幅较多的经典著作，正文分为若干部或若干篇，部或篇的标题常独占一页。一般书籍另面起排的一级标题，所占位置要大些，约占版心的四分之一，横排约占正文的六、七行，上空三、四行；下空二、三行。接排的一级标题约占四、五行；二级标题约占二、三行；三级标题约占一、二行。如一、二级标题或一、二、三级标题接连排在一起时，除上空不变外，标题和标题之间的行距要适当缩小。

标题在一行排不下需要回行时，题与题之间二号字回行行间加一个五号字的高度；三号字行间加一个六号字的高度；四号字以下与正文相同。

在标题排版中，标题占行和字间加空没有统一标准。

标题的排版方法

标题的排版要求排出的标题层次分明、美观醒目。标题所用的字号应大于正文(如采用同号字，则以字体来区别，但绝不能采用小于正文的字号)。为了使标题醒目，往往采用空行（在标题上下加大空距）和占行（采用大于正文字号，多占一些位置）的排版方法。期刊上除了正标题外，有时还有副标题、竖排标题、双跨单标题。标题常用版式的排版方法如下：

1. 居中标题：这种标题用得最多，既可有序数或篇章序数，也可没有。它的版式有以下几种：

①无题序标题排法，如图 6－2 所示。

××××××××××××××××
××××××

图 6－2　无题序标题排法

②有题序标题转行居中排法，如图 6－3 所示。

第二章　×××××
××××

图 6－3　有题序标题转行居中排法

③有题序标题转行齐题文排法，如图 6－4 所示。

第二章　×××××
×××

图 6－4　有题序标题转行齐题文排法

2. 边题：边题通常有两种排法。其一是顶格排，边题占正文两行位置；其二是缩进两格排，只占一行位置。

3. 段首标题：标题与正文一样缩进两格排，标题后加排句号，空一格接排正文；若标题后不加句号，则可空两格接排正文。

4. 提示标题：提示标题亦称窗式标题，如图6－5所示，其特点如同在文中开一个窗户，增强了版式的活泼性。

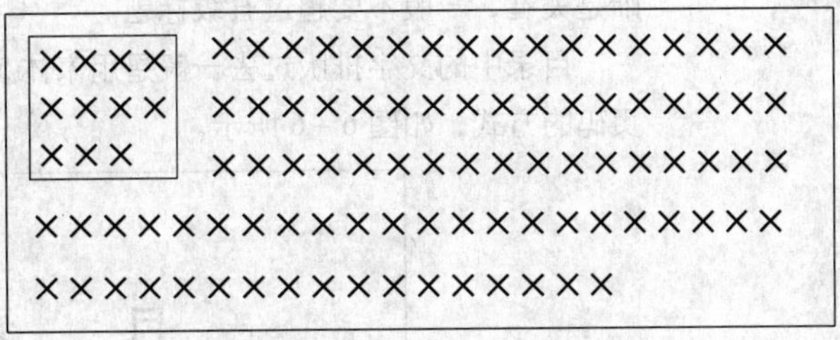

图6－5　窗式标题排法

标题排版的一般规则

1. 题序和题文一般都排在同一行，题序和题文之间空一字，题文如为两字，中间可空两字，如为三字，字间可空半字。

2. 题文的中间可以穿插标点符号，最好用对开标点。题末除问号和叹号以外，一般不排标点符号。

3. 每一行标题不宜排得过长，最多不超过版心的五分之四，排不下时可以转行，下面一行比上面一行应略短些，同时应照顾语气和词汇的结构，不宜任意割裂。有题序的标题在转行时，最好用有题序标题转行齐题文排法，次行要与上行的题文对齐；超过两行的，行尾也要对齐（行末除外）。

4. 节以下的小标题，为了节约版面，一般不采用左右居中占几行的办法，改为插题，用与正文同一号的黑体字排在段的第一行行头，题后空一字，题前空两字。

5. 标题以不与正文相脱离为原则。如果恰巧排在版心的末端，而下面的正文却在下一面上，这种情况叫做背题，必须避免。各种出版物对背题的要求也有所不同。有的出版物要求二级标题下不少于三行正文，三级标题下不少于一行正文。没有特殊要求的出版物，二、三级标题下应不少于一行正文。

避免背题的方法是把上一面（或几面）的正文缩去一行，同时把下一面的正文移一行上来；或者把标题移到下一面的上端，同时把上一面（或几面）的正文伸出几行补足空白的位置，如实在不能补足，上一面的末端有一行空白也是允许的。

出现背题现象时，调整版面，不可采用直接改变行距的方法，最好的方法是用改变标点符号的全角、对开来调整或采用调整图空大小的办法。

在计算机排版系统中几乎都有自定义标题的功能，使用自定义的标题不但能够提高工作效率，帮助排版员解决标题统一的问题，并且有助于系统自动提取索引和目录。

6.1.6 零页排版规则

目录排版禁则

目录所列标题和页码要与正文中的标题页码严格一致。目录排版层次清晰是关键，一般不要超过五级标题。

目录中的文字排版过去一般是用宋体5号字，其后加连点，后随阿拉伯页码的方式，如图6－6所示。

目　　录

·1·

图6－6　目录排法

但现在目录的版式设计多种多样，不用三连点的排法十分流行，页码排在左侧的情况也越来越多。但目录排法还应注意以下事项：

①目录中一级标题顶格排，折行后退后一格或两格排二级标题；

②图书通栏排居多，报刊双栏排居多；

③目录文字如遇回行，行末留三个全身空，行首应比上行文字退一格或两格；

④在传统的目录排法中，章节与页码或与作者名之间至少要有两个字宽的三连点，否则应另起一行。

参考文献排版规则

参考文献是科技书籍中经常出现的一项内容，它是作者写作或编著时，引用、参阅和核对的主要著作或资料的记录。参考文献不但可以作为作者的论据，从而可以提高著作的可信度，避免不必要的版权纠纷。文后参考文献应根据国家标准《文后参考文献著录规则》（GB/T 7714—2005）进行排版。

参考文献一般采用顺序编码制标注，其序号用阿拉伯数字表示。如需在正文中添加参考文献序码，应将序码置于方括号内，如：[1]、[2]、[3]。在多个文献同时引出时,需要将多个文献号置于同一个方括号内,如[2,3]、[2，3~5] 等。

参考文献的排版格式有折行齐肩和折行顶格两种。参考文献中的标点符号按国家标准的规定应采用西文标点符号，但目前也有一些出版社按自己习惯的做法处理。

参考文献一般排在全书的最后或有关文章的后面，其序号不加方括号，参考文献的字号一般比正文小一至二号字，行距为字号的1/2。

图书类参考文献的著录格式为：

主要责任者. 书名[文献类型标识].其他责任者.版本(第一版不加注).出版地：出版者，出版年. 文献数量. 丛编项. 附注项. 文献标准编号

例：孙家广.计算机图形学.第3版.北京:清华大学出版社,1998.76页

如无确指页码时出版年为最后一项则不加下角点。

文章类参考文献的著录格式为：

题名.主要责任者.版本.年.月,卷(期)~年.月,卷(期).出版地:出版者,出版年.丛编项.附注项.文献标准编号

例:地质论评.中国地质学会.1936.1(1)~.北京:地质出版社,1936.

Communications equipment manufacturers. Manufacturing and Primary Industries Division, Statistics Canada. Preliminary ed. 1970. Ottawa: Statistics Canada, 1970. Annual census of manufacturers. Text in English and French. ISSN 0700 ~ 0758

期刊类参考文献的著录格式为：

年代顺序号、卷、期、部分号、页数

例：1980，92（2，2）：316~318

↑　↑　↑ ↑　↑

年　卷　期 部分号 页数

索引排版规则

索引在百科全书类图书和工具书中出现较多。常见的索引有笔画索引、汉语拼音索引、英文索引等。在汉语字典中常有部首索引、四角号码索引，以及按照康熙字典排序的索引等。英文索引一般按外文字母的顺序编排。

百科全书类图书常有分类目录索引、内容分析索引等。

有一些图书还常有作者名索引、书名索引、杂志名索引、字句索引、关键字索引等。索引一般排在全书的最后，采用分栏的形式排出。索引的字号、行距一般要小于正文。

无论采用哪种方式排版，都应注意笔画、拼音和字母顺序的准确性，并核对索引条目后附缀的正文页码。如正文页码有变动时，要相应改正索引的附缀页码。

按照音序排版时，要特别注意同音字问题，使用计算机自动的排序功能很难解决同音字问题。

6.2 表格排版规范

6.2.1 书刊表格的排版规范

表格排版时应注意以下几个问题：

①表内字号的大小应小于正文字号，在科技书籍和杂志中，表格常用的文字以六号为多，有时也用小五号。

②每个表格应有自己的表题和表序。

表注与正文之间至少空半行的位置。表注通常用六号字，表注宽度不得大于表格总宽度，表注换行方法与表题相同，表注末要加句号。表注中有1.、2.、3. 序号时，内容较少时可接排，内容较多时可换段排。

③保证表格框线格式的统一性，一个完整的出版物中项目相同的表格应保证表线粗细、表中各种字体字号各自的统一。反线用作表格框架，正线用作表格中间，双线用作表格换行标志。

④在同一表中，行高可根据实际所需加减，但行宽不可随意变动。表格尺寸的大小受版心规格的限制，一般不能超出版心。

⑤表格中的字符与表格的栏线、行线不能相连，原则上以空半字为宜。

⑥表格中的数值后边不应出现量或单位。如果全表有统一的单位，一般将单位写在表题下一行离右版口一字的位置。如果每栏或每行各有单位，应放在栏头或行头另行排，不加括号。表中物理量与单位之间平排时，应按国家标准规定用斜线“/”隔开。

⑦表随文走。表格的位置一定出现在相关的正文后，绝不能先出现表格，后出现相关的正文。

⑧表格排版尽量不跨页，可以压缩表中文字的字号，或者将表完整地排在下一页中，但绝不能排到下一页新的章节中。

⑨过去，表格和文字一同排版时常有居中、居左、居右、绕排四种，但现在基本不采用绕排的形式。

⑩数字符号规范。表格中的数字一律使用阿拉伯数字，表格中的单位必须使用国际通用单位符号，对于尚没有统一规定的专用符号，则可用中文表示。当每栏内的各行都是数据时，应力求数字的个位垂直对齐。即不管小数点的位数是否相等，应以小数点为准垂直对齐，从而使数字看得清楚。

⑪表格中同一栏内的上下行文字或数字相同时，不得使用“同上”、“idem”、“〃”等文字或符号代替，而必须重复排出相同的文字或数字。

⑫表头的规范。表头如果为单层或双层，每层高度不能小于表身行高。如果表头多层，表身总高若小于表头，则可适当加放表身高度，满足视觉的平衡感。表头的字可根据字数多少采用横排、竖排、疏排、密排。一般在表格中要上下左右居中，如果表头有斜线，斜线两端的文字需沿斜线斜排，字

距要相等。

⑬页码规范。有些表格占据了页码的位置，这时须用暗码表示。遇到超开本的插页表，须在正文中标注“后有插表”字样，插页表不占页码。

⑭表宽计算规范。为了使表格排列合理、迅速和美观，我们通常需要对表格的排版先行计算。表格计算——是指对原稿中的表格进行各栏宽或各表行高的计算。表行的高度可随时根据内容的多少进行增减，栏宽的确定很重要。我们通常将版心宽度折合成表格文字的字数，减去总共的栏数（每栏应左右空半字距离），再除以栏数，便得出栏宽的字数。在实际操作中，还可根据各栏宽度加以增减。

⑮表中文字可使用标点符号，但段末一般不用标点符号。

6.2.2 表格的改排

当表格受版心限制需要改排时，除用续表、对页表等方式外，还有以下几种方法，如图 6－7、图 6－8 所示。

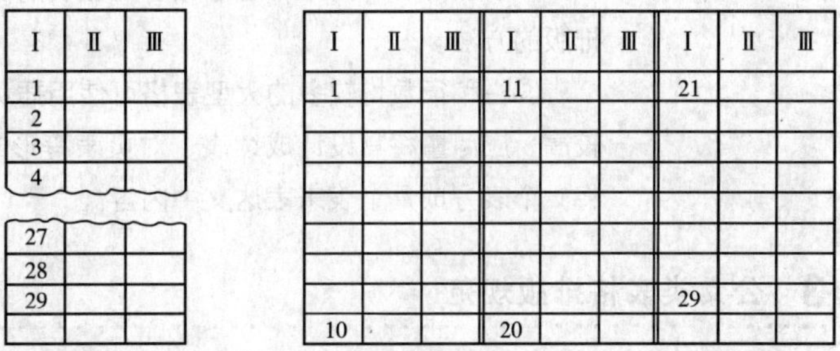

图 6－7　长表格的改排

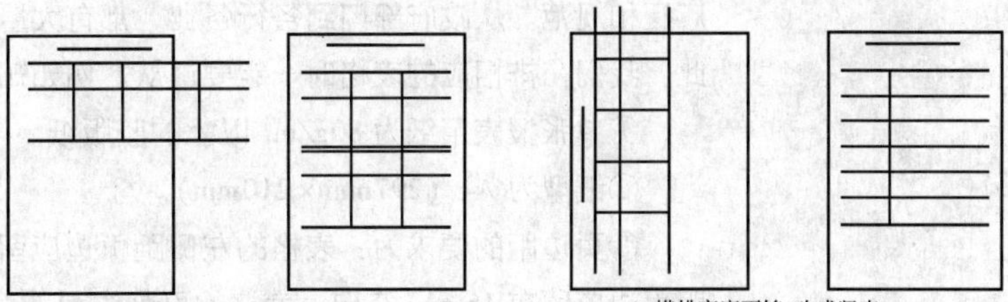

a. 宽度超版心，分拆重排　　b. 横排高度不够，改成竖表

图 6－8　表格的几种改排方法

制作表的格式，原则上要根据原稿式样，但有时由于空间及版面美观等关系，不能完全根据原稿式样去做表，在这种情况下，就有必要改变排表的格式。

①对于行头较少而栏头较多的表格，或行头较多栏头较少的表格，都可将横竖表头进行互换。

②当表格的栏数较多且其宽度超过版心宽度（其高度不超过版心高度）时，如果不能改为上下转栏，可考虑把表格跨排在相邻的两面上。为了使整

个表格处于同一视面内，表格一定要从双码起排，并采用双跨单的排法。用这种排版方式排成的表称为对页表（合页表、和合表、蝴蝶表）。

③如果表中横向表栏较少，竖向表行较多，则可采用折栏排法，即将表格从表身中某一行分开，折为双栏或多栏排。排折栏表时，每折一栏必须加排表头和双正线或反线，而且要连同表头一起排；各栏之间相对应的栏宽应当一致；表行在各栏中不能平均分配时，可在最末一栏排空格。

④与上述情况相反，当遇到狭长的多栏表或宽度超过版心但横排高度又不够版心宽度时，可以分拆为二，改为重叠排，中间用双正线或反线分开。转到下面的部分要另外加上第一栏项目表头。另一个办法是改为竖表。

横表分段——指将版心超宽的横表表身纵向分割，下移多余部分，前面加上横表第一栏后进行排版的方式。原表底线由反线改为双细线。

竖表转栏——指将版心超长的竖表表身横向分割，将多余部分去掉横表第一栏后接排在原表右侧的方式。原表右侧线由反线改为双细线。

横表竖排——将原来超过版心的横表的纵横方向的内容进行互换后进行排版的方法。

竖表横排——将原来超过版心的竖表的纵横方向的内容进行互换后进行排版的方法。

⑤栏和行数均较多的大型表格可使用插页表的形式，但插页表印刷成品较高，应尽量将其设计成续表、对页表等形式，或找由作者跟据文章内容，将一个表分成几个表来表达文中内容。

6.2.3 公文类表格排版规范

近年来，随着各行各业统计数据的规范化和电子化，表格的运用越来越广泛和规范。从政府部门到各行各业，都有大量的报表及各类表格规范，因此，我们在排相应的表格时一定要遵从。例如知识产权局对表格的要求为：

①单张报表用纸为 $80g/m^2$ 以上的胶版纸。

②纸型为 A4（297mm×210mm）。

③页边距的要求为：表格的左侧距页边应留有 25 mm 空白；表格的右侧距页边应留有 15 mm 空白；表格的页脚线距下页边应留有 15mm 空白。接收类表格的页眉线距上页边应留有 25mm，发出类表格的页眉线距上页边应留有 30mm。

④字体及规格的要求为：表格名称标题使用四号黑体字；表格内容使用五号或小五号宋体字；表格内的项目栏名称使用五号宋体字。发出类表格的页眉线上的国家知识产权局名称使用三号黑体字，表格页脚的表格代码、表格制定年代及提示性标注使用小五号黑体字；接收类、内部使用类表格的名称使用四号黑体字。

⑤线条的规范为：表格上、下眉线用 1 磅线条，表格中间框线用 0.75 磅线条，表格内容中的横划线用 0.5 磅线条。

6.3 科技公式排版规范

文章中数学、物理和化学式排版是排版中的难点。根据国家规范，正文中的公式、算式和方程式等应编排序号，序号标注于该式所在行（当有续行时，应标注于最后一行）的最右边。序号应加括号，公式序号必须连续，不得重复或跳缺，重复引用的公式不得另编新序号。

6.3.1 数学式排版规范

数学式的一般排版规范

在通常排版中，公式有排在行中（即公式不单独占行）及单独成行两种排法。串排于正文行中间的公式称为串文排，这种数学式一般要求与相邻汉字间空四分空。对于结论性公式或较长的公式，可单独占行，并排在每行中间，这种公式一律居中排，超过版心 3/4 时可回行排。

在数理公式中，凡出现分式的式子称为迭排公式，其版式称为迭排式。凡没有分式的式子称为单行公式或横排公式，其版式为单行式。迭排式的分数线应比分子或分母最长的一行字的两边再长出 1/2 左右，多层分式中的主线略长一些，与整个公式的主体部分对齐。特别是多层公式，要分清主线和辅线。

公式的序码简称为式码，当书刊中出现较多公式时，式码可起到引证和检索的作用。式码统一用阿拉伯数字编码并置于圆括号内。对于单篇论文，由于公式不多，这时可用自然数编式码。对于科技图书，由于公式较多，为了明确式码与篇、章、节的对应关系，可以在式码前加上篇、章、节的序码。式码应排在公式后边的顶版口处（居右排）。例如：

$$V_1 = \pi\int_a^2 (2x^2)\,dx = \frac{4\pi}{5}(32 - a^5) \qquad (17.2)$$

注意区别各种字符，如：拉丁文、希腊文、俄文、德文花体、草体；罗马数字和阿拉伯数字；字符的正斜体、黑白体、大小写、上下角标（特别是多层次，如“三踏步”）、上下偏差等。

正斜体的区分

①由 GB3102. 11—1993 所确定的规范化缩写词，如三角函数、反三角函数、双曲函数、反双曲函数、对数函数、指数函数、复数等一律排成白正体，如表 6 - 1 所示。公式中的运算符号特殊函数符号 Σ（连加号）、Π（连乘号）、d（微分符号）、∂ （偏微分符号）、Δ（有限增量）、π（圆周率）、e（自然对数的底）均应使用白正体。

②数学中表示名称、数值的字母用斜体。例如：代数中代表已知数的 a、b、c，表示未知数的 x、y、z，几何中表示边的 a、b、c，表示角的 A、B、C 等。

表 6－1　公式中应排正体小写字母的缩写词表

缩写词	名　称	缩写词	名　称
sin	正弦	vers	正矢
cos	余弦	covers	余矢
tg 或(tan)	正切	const	常数
ctg 或(cot)	余切	mod	模数
sec 或(sc)	正割	cn、dn、sn、cd	椭圆函数符号
csc 或(cosec)	余割	ind	指数
arc sin	反正弦	exp	指数函数
arc cos	反余弦	mag	算术几何平均数
arc tg	反正切	rot	旋度
arc ctg	反余切	grad	梯度、陡度
arc sec	反正割	div	散度
arc csc	反余割	mes	测度
sh 或(sin h)	双曲线正弦	sign	符号数
ch 或(cos h)	双曲线余弦	det	行列式
th 或(tg h)	双曲线正切	max	最大,极大
cth 或(coth)	双曲线余切	min	最小,极小
sech 或(sch)	双曲线正割	lim	极限
csch	双曲线余割	sup	上确界
arc	反……	inf	下确界
log	对数	lm	虚数
lg	以 10 为底对数	arg	幅角,轴角
ln	自然对数	vrai max	真实最大值

公式的回行

公式一般从等号处回行，以等号对齐。在特殊情况下，也可从运算符号处回行。回行后，运算符号（＋、－、×、÷、<、>）应比等号错后一字。在各种方程式中，乘号一般是省略的。如果公式在排版时需要从相乘关系处回行时，最好在行首加“·”符号，以便在阅读时明确其运算关系。在行末是否保留运算符号，这要看出版社的工艺要求，全书应保持统一。从阅读效果来看，行末应当保留运算符号，以便阅读到行末时，知道后面的运算关系。当分式长出版心时，可从分子、分母的加、减、乘、除号处回行。

例 1：

$$\begin{aligned} f(x,y) &= f(0,0) + \frac{1}{1!}(x\frac{a}{ax} + y\frac{a}{ay})f(0,0) \\ &\quad + \frac{1}{2!}(x\frac{a}{ax} + y\frac{a}{ay})^2 f(0,0) + K \\ &\quad + \frac{1}{n!}(x\frac{a}{ax} + y\frac{a}{ay})^n f(0,0) + K \end{aligned}$$

例 2：

$$\frac{P_0\sin(\alpha_2-\alpha_1)+P_1\sin(\alpha_3-\alpha_1)+P_2\sin(2\alpha_1-\alpha_2)}{\cos(\alpha_1+\beta_1)+\sin(\alpha_3-\beta_3)}$$
$$\frac{+P_3\sin^2[(\alpha_2-\alpha_1)+(\alpha_3-\alpha_2)]}{\cdot\sin(\alpha_2-\alpha_1)}$$

重叠分式的排法

重叠式的分数线应比分子或分母最长的一行字两边再长出 1/2 左右，多层分式中的主线略长一些，与整个公式的主体部分对齐。特别是多层公式要分清主线和辅线。例如：

$$\frac{\frac{a}{b}}{a}=\frac{a^2}{(b^2-\frac{1}{c})}\quad \text{不能排成}\quad \frac{\frac{a}{b}}{a}=\frac{a^2}{(b^2-\frac{1}{c})}$$

公式不能交叉排

每一式子中的这一单元部分不能与另一单元部分交叉排，例如：

$$u=\int_y^{y+\Delta y} f(x)\,dx \quad \text{不能排成} \quad u=\int_y^{y+\Delta y}\!\!f(x)\,dx$$

又如：$F(b)-F(a)=\lim\limits_{\max|\Delta x_i|\to 0}\sum\limits_{i=0}^{n-1}F_i(\Delta x)$

不能排成：$F(b)-F(a)\underset{\max|\Delta x_i|\to 0}{=\lim}\sum\limits_{i=0}^{n-1}F_i(\Delta x)$

公式中的括号、开方号的用法

公式中的括号、开方号按公式层次，一层用一倍的，双层用二倍的，三层用三倍的。例如：

$$\left(\frac{1}{2}+\frac{a}{b}\right)\left(\frac{n+1}{\frac{x}{234}\cdot\frac{1}{dx}}\right)\quad \sqrt[2]{a^2x^2}\quad \sqrt{\frac{B}{dx^2}+\frac{x}{dy^2}}\quad \sqrt{\frac{\sin\alpha\cos\beta}{\frac{a+b}{a_1a_2+a_n}}}$$

方程式的排法

如方程组行数很多，限于空间在一面中排不完整个式子时，亦可分开两面排。

$$\left.\begin{aligned}C_1(t)&=\int_0^t\psi(a_0,b_0,\tau)\cos\tau d\tau\\C_2(t)&=\int_0^t\psi(a_0,b_0,\tau)\sin\tau d\tau\\D_1(t)&=\int_0^t[\frac{\partial\psi}{\partial\mu}]\cos\tau d\tau\\D_2(t)&=\int_0^t[\frac{\partial\psi}{\partial\mu}]\sin\tau d\tau\end{aligned}\right\}\qquad(5.2)$$

当分为两半排时，上一面末排，下一面首排：

$$\left.\begin{aligned}C_1(t)&=\int_0^t\psi(a_0,b_0,\tau)\cos\tau d\tau\\C_2(t)&=\int_0^t\psi(a_0,b_0,\tau)\sin\tau d\tau\end{aligned}\right\}$$

$$\left.\begin{aligned} D_1(t) &= \int_0^t \left[\frac{\partial\psi}{\partial\mu}\right]\cos\tau d\tau \\ D_2(t) &= \int_0^t \left[\frac{\partial\psi}{\partial\mu}\right]\sin\tau d\tau \end{aligned}\right\} \qquad (5.2)$$

行列式的排法

行列式要上下主体居中对齐,每行式子间距要均匀,线与上排字和下排字对齐。线两边与字空半倍,行隙为对开空,线外数字居中排。遇到行列式有"+"、"-"号时,"+"、"-"号应对齐。例如:

$$\begin{vmatrix} a_2-a_1 & b_2-b_1 & c_2-c_1 \\ m_1 & n_1 & p_1 \\ m_2 & n_2 & p_2 \end{vmatrix} = 0, \Delta = \begin{vmatrix} 1 & +2 & -3 \\ 4 & -5 & 6 \\ 7 & 8 & +9 \end{vmatrix}$$

上下式应对齐

如果有若干相关公式形成上下排式,则其公式左边应对齐,形成所谓齐头排。例如:

$$\begin{aligned} & p^2 = \frac{6}{5}\alpha^{-2}(\omega^2 - 1 - \sqrt{v^2\alpha^2 - k^2}) \\ & \tan\theta_{1,2} = \frac{1}{k}(ud - \sqrt{v^2\alpha^2 - k^2}) \\ & u = 4\sqrt{v^2\alpha^2 - k^2}(\sqrt{v^2\alpha^2 - k^2} + \omega^2 - 1) \end{aligned}$$

有些公式也可以排成上下等号对齐的排式。例如:

$$\left\{\begin{aligned} \alpha &= \frac{a-b}{2\sin\mu} \\ \beta &= \frac{\alpha}{\sin\mu} \\ \cos\mu &= \frac{a+b}{2} \end{aligned}\right.$$

6.3.2 化学式排版规范

1. 化学元素符号用正体外文，应注意大小写区别，符号后不得附加圆点（句子结尾的正常标点除外）。如 CO、Co 等，不能机械统一。

2. 元素符号右下角的数码用下角的，占三分之一位置（如 CO_2），元素符号上的正负号用对开上角的（如 C^-、H^{++}、$C^=$、H^+）。

例：离子态：Na^+、PO_4^{3-} 或 $(PO_4)^{3-}$；

电子激发态：He^*、NO^*；

核激发态：$^{110}Ag^*$、$^{110}Ag^m$。

3. 化学键　在链状结构式内，不论横键、竖键、斜键、单键或双键、三键均用一倍的，键的两端和字母贴紧。例如：

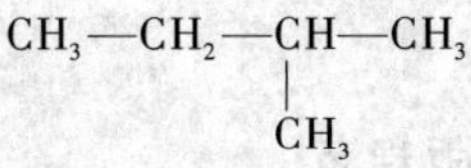

4. 反应号（→、⇌）用两倍或一倍字空，反应号上文字用小六号字，文字较多时，反应号可适当增长；文字排不下时，可回行排在反应号下。但是，当“⇌”号上有字时，不论字有多少，不应把上面的字转到“⇌”号的下边去。例如：

$\xrightarrow{\text{氨基作用和氧化作用}}$ 可改排成：$\xrightarrow[\text{氧化作用}]{\text{氨基作用和}}$

$\xrightleftharpoons[\text{强　碱}]{\text{亚硝基五氰铬铁酸盐}}$ 可改排成：$\xrightleftharpoons[\text{强　碱}]{\text{亚硝基五氰铬}\atop\text{铁酸盐}}$

5. 整个化学式一般另行居中排。不同取代基用 R、R^1、R^2 表示，而不用 $R^{Ⅰ}$、$R^{Ⅱ}$ 或 R_1、R_2。行文中分子式应写成一行，如 $CH_3CH(OH)CO_2H$。晶体结构原子编号采用 C(2)、O(3)而不用 C2、O3 或 C_2、O_3 或 C^2、O^3。结构式位置序号用小字号阿拉伯数字，排于上下方或左右上角，不能排于右下角，在文中用 1 - C，2 - O，2′- C 等表示。表示电子转移的单、双向箭头的起始位置，正负电荷的位置和原子编号的位置必须标注清楚、确切。结构式过长排不下时，可在“═”或“→”处回行。一系列的式子以不拆为原则，可改用小字号排版。回行时，“→”放在前行末，下行前不放，其他符号两头各放一个。

6. 结构式有一定排列规则，键号须对准主要反应原子（即连接有价键的原子），次要反应原子必要时可倒过来（这是为了标明能团里哪一个原子和分子的碳价相连接）。例如：

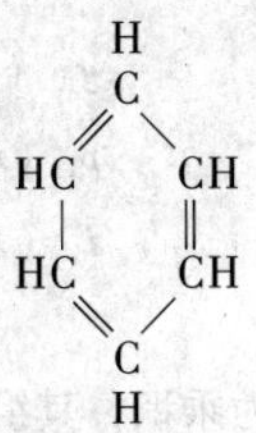

不应排成

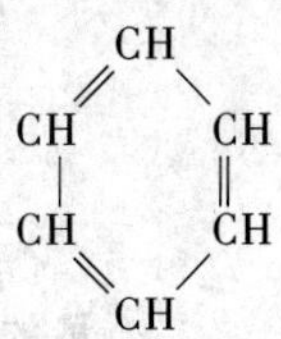

7. 结构式变更形式的排法，仍不改变原结构。例如：

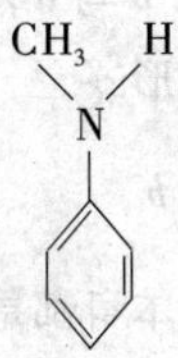

可改成

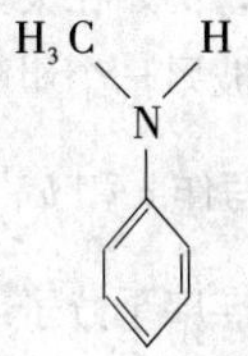

或

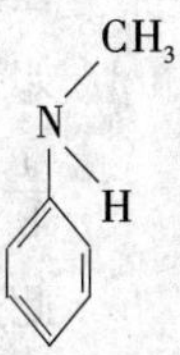

或

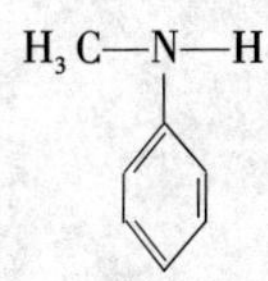

155

6.3.3 其他学科排版规范

这里指的其他学科，主要指中华人民共和国国家标准《有关量、单位和符号的一般原则》中规范的 13 门学科：空间和时间；周期及其有关现象；力学；热学；电学和磁学；光及有关电磁辐射；声学；物理化学和分子物理学；原子物理学和核物理学；核反应和电离辐射；物理科学和技术中使用的数学符号；特征数；固体物理学。

量的符号通常是单个拉丁或希腊字母，有时带有下标或其他的说明性标记。无论正文的其他字体如何，量的符号都必须用斜体。符号后不附加圆点(正常语法句子结尾标点符号除外)。

量的符号见 GB 3102．1～3102. 10、GB 3102．12 和 GB 3102. 13。矢量和其他非标量的符号在 GB 3102. 11 中给出。有时用由两个字母构成的符号表示量的量纲一的组合（如雷诺数 *Re*）。如果这种由两个字母所构成的符号在乘积中作为因数出现，则它与其余符号之间应留一个字的空隙。

下标印刷方面的规则

如在某些情况下，不同的量有相同的符号或是对一个量有不同的应用或要表示不同的值，可采用下标予以区分。根据下列原则印刷下标：表示物理量符号的下标用斜体，其他下标用正体。用作下标的数应当用正体，表示数的字母符号一般都应当用斜体。

例如：

正体下标	斜体下标
C_{g}（g：气体）	C_p（p：压力）
g_{n}（n：标准）	$\Sigma_n a_n \theta_n$（n：连续数）
μ_{r}（r：相对）	$\Sigma_x a_x b_x$（x：连续数）
E_{k}（k：动的）	g_{ik}（i，k：连续数）
X_{e}（e：电的）	p_x（x：x 轴）
$T_{1/2}$（1/2：一半）	I_λ（λ：波长）

量的符号组合规则

如果量的符号组合为乘积，其组合可用下列形式之一表示：

ab，$a\ b$，$a \cdot b$，$a \times b$

在某些领域，例如在矢量分析中，$a \cdot b$ 与 $a \times b$ 有区别。

如果一个量被另一个量除，可用下列形式之一表示：

$\frac{\mathrm{a}}{\mathrm{b}}$，$a/b$ 或写作 a 和 b^{-1} 之积，如 $a \cdot b^{-1}$

此方法可以推广于分子或分母或两者本身都是乘积或商的情况。但在这样的组合中，除加括号以避免混淆外，在同一行内表示除的斜线（/）之后不得有乘号和除号。

例如：$\frac{ab}{c} = ab/c = abc^{-1}$；

$\frac{a/b}{c} = (a/b)/c = ab^{-1}c^{-1}$，但不能写成 $a/b/c$

然而，$\frac{a/b}{c/d} = \frac{ad}{bc}$，

$\frac{a}{bc} = a/(b \cdot c) = a/bc$，但不能写成 $a/b \cdot c$.

在分子和分母包含相加或相减的情况下，如果已经用圆括号（或方括号、或花括号），则也可以用斜线。

例如：$(a+b)/(c+d)$ 意为$\frac{a+b}{c+d}$，括号是必需的。

$a+b/c+d$ 意为 $a+\frac{b}{c}+d$，但为了避免误解，可写成 $a+(b/c)+d$。

括号也可以用于消除由于在数学运算中使用某些标志和符号而造成的混淆。

单位的符号

标准只推荐使用 GB 3100 中所规定的符号。在某些必须使用中文符号的情况下，可按 GB 3100 的规定构成中文符号。在印刷中，无论其他部分的字体如何，单位符号都应当用正体印刷。在复数时，单位符号的字体不变。除正常语法句子结尾的标点符号外，单位符号后不得附加圆点。单位符号应当置于量的整个数值之后，并在其间留一空隙。

在单位符号上附加表示量的特性和测量过程信息的标志是不正确的。

例如：

应是 $U_{max} = 500V$（不是 $U = 500V_{max}$）。

单位符号一般用小写字母。如果单位名称来源于人名，则其第一个字母用大写字母。

例：m（米）、s（秒）、A（安培）、Wb（韦伯）。

单位的符号组合

当组合单位由两个或两个以上的单位相乘构成时，应当以下列形式之一表示：

$$N \cdot m, N\ m$$

第二种形式也可以写成中间不留空隙，但如果单位之一的符号也是词头的一种符号时，就必须特别注意。例如，mN 表示毫牛顿，而不是米牛顿。

当组合单位由一个单位除以另一个单位构成时，应当以下列形式之一表示：

$$\frac{m}{s}, m/s, m \cdot s^{-1}$$

除加括号以避免混淆外，在同一行内的斜线（/）之后不得有乘号或除号。在复杂情况下应当用负数幂或括号。

6.4 图文混排排版规范

6.4.1 插图的排版规范

图序、图名和图注及其版式

图序、图名和图注一般排在图形的正下方。如果正文排五号字，图形与图序、图名之间应加五号对开条；图名或图注需要转行时，图名行间或图注行间用五号四分条隔开。对于通栏排的图，图左、右边至少各加一个五号全身空；对于串文图，图与文字之间加一个五号全身空隔开，如图 6－9 所示。

图 1　××××××××××
××××××××
图 2　××××××
××××
1. ×××；　2. ××××；　3. ××××；
4. ×××；　5. ××；　6. ×××

图 6－9　图注格式

图序、图名和图注应使用比正文小的字号排版。如果两者用同种字号，则图序、图名用黑体，图注用宋体，以求醒目。图序、图名和图注都应左右居中排。因版面关系，有的短栏图式跨栏图的图序、图名和图注也可以排在图的右方。表 6－2 是正文为五号字体时，图题与图注的用字规范。

表 6－2　图题、图注用字规范

内　容	字体字号	格　式	说　明
图　题	小五号宋体	排图下，居中，单占行	图号按流水排序，如“图 1”、“图 2”
图　注	六号宋体	排图题下，居中，接排，末行左右居中	序号按流水排序，如“1.”、“2.”

插图的位置规范

一般正文中的插图都应尽量排在有关文字的附近，并按照先看文字后见图的原则处理，文图应紧紧相连。如有困难时，可稍移前或移后，但不能离文太远，更不能超越节题，只限于在本节内移动。图与图间要适当排三行以上的文字，以做间隔，图片上下应避免空行。版面开头以排 3～5 行文字再排图为宜。两图比较接近，可以并排，不必硬错开使版面显得零乱。

1. 先文后图的处理原则

①图片要排在一段文字结束之后，不要插在一段文字的中间，文章如被

中间切断，会影响读者阅读。

②图片宽度超过版心的 2/3 时，一般都把图片左右居中排，两边留出的空白要均匀一致，不排文字。

③图片宽度小于版心 2/3 时，图片应靠边排（这种图的旁边排有正文文字，所以称卧文图、串文图或盘文图）。如果在一面上只有一个图，图片应排在切口的一边；如果有两个图，应交叉排，上图靠在切口一边，下图靠在订口一边，上下两图之间必须排有长行文字；如果有三个图，则应将第一图及第三图排在切口，第二图排在订口一边。以上是一般原则，具体排法还应根据出版社要求而定。

④卧文图是三面都有文字，图与文字之间的距离，一般以空一个正文字为准，最少不得少于正文行距的宽度。

⑤在分栏排的版面中，小插图应排在栏内，大插图则可以破栏排。

⑥图的幅面需要占两个版面时，可用跨版法，将图分为两部分，对齐后跨排在两个版面上，从双页起排，订口一般留 2mm 空白，（此尺寸与装订形式和书的厚度有关）以便留出装订位置。

2. 先图后文的灵活处理

①一般正文从上一面转到下一面，按照先文后图的原则，图应排在下一面这一段文字结束之后。但如果会造成插图与正文脱节时，就必须灵活处理，把图排在有关文字之前（见图 6 – 10），即图在上一行行末，文在下一面之首。

②在一段正文有很多插图时，必须严格按照图的次序排版，几个图最好排在同一面上。如果一面排不下，可以把一些图放在文前，另一些图放在文后。

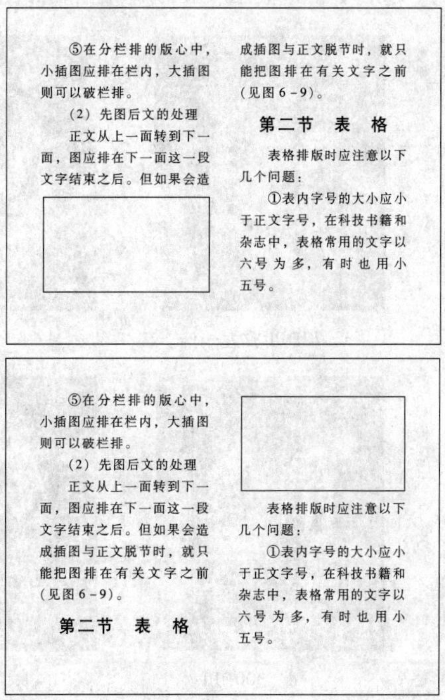

a. 正确排法

b. 错误排法

图 6 – 10　插图的排法

6.4.2 计算机排版中对图片的要求

图像的分辨率——在计算机排版中，图像的清晰度很大程度上是由图像的分辨率决定的。图像的分辨率是指在图像存储时每英寸的像素数，即DPI（点/英寸）。图像的分辨率越高，图像的存储精度越高，所需的存储空间越大，文件才有可能越清晰。

图像的清晰度——指人眼对图像清晰程度的视觉感受。诸多的因素决定着图像的清晰度，分辨率是一个非常重要的因素，除此之外，图像的层次、阶调、细微层次、图像清洁度等都决定着图像的清晰度。

印刷图像的加网线数——印刷时，印刷机只能印刷没有阶调的图像，不能印刷有层次变化的灰度图像。我们试将灰度图进行加网，用网点大小的变化让人在视觉上产生有灰度层次变化的感觉。每英寸加网的线数称为 lpi。印刷图像的加网线数越高，图像的精细感越强。

为满足印刷的要求，对照片的分辨率有如下要求：

图像分辨率 DPI ＝（1.5～2.0）×印刷加网线数 lpi

黑白照片印在胶版纸上，加网线数一般在 100～130lpi 之间，因此对图片的分辨率要求在 200～250DPI 之间。彩色照片印在铜版纸上，加网线数一般在 175～200lpi 之间，因此对图片的分辨率要求应在 300～400DPI 之间。要求存储格式为 TIFF，彩色图片应为 CMYK 图。如果图片质量达不到以上要求，照片将会变得模糊不清，如图 6－11 所示（a～e 加网线数为 100lpi）。

a. 72DPI 放大一倍

b. 72DPI

c. 100DPI

d. 300DPI

e. 1000DPI

f. 加网线数 150lpi

图 6－11　图片分辨率与图片质量

对于有线条或文字的图片，比如：黑白线条图、地图等，则要求用CorelDRAW、FreeHand、Illustrator等软件做成EPS格式的图片，才能在印刷中保证图片的质量。如果使用Photoshop将图片制成350DPI的点阵图像，图中的文字将会变得很虚或者出现肉眼看得见的点阵梯阶。如果一定要用Photoshop制作带有文字的图片，则必须将图像分辨率放到600～1200DPI以上的黑白二值图才能确保文字的质量。

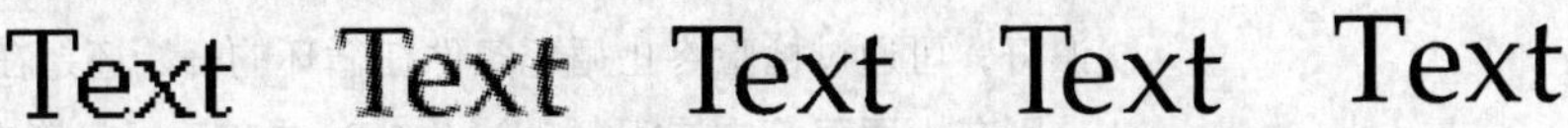

a. 72DPI 硬边图　b. 72DPI 软边图　c. 300DPI　d. 1000DPI　e. EPS 图

图 6－12　图片格式及分辨率对文字质量的影响

6.4.3 标准流程图符号及使用约定

通常的插图遵守上述规则即可，但因流程图过去一般都是手绘，长短、比例和角度都比较随意，无具体规定，而现在的计算机制图则有了统一的国家规范。

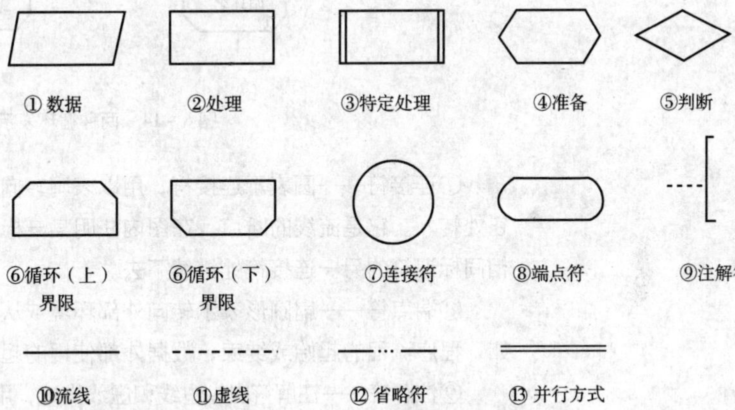

图 6－13　标准程序流程图符号

标准流程图符号及简要说明

①数据——平行四边形表示数据，其中可注明数据名、来源、用途或其他的文字说明。此符号并不限定数据的媒体。

②处理——矩形表示各种处理功能。例如，执行一个或一组特定的操作，从而使信息的值、信息形势或所在位置发生变化，或是确定对某一流向的选择。矩形内可注明处理名或其简要功能。

③特定处理——带有双纵边线的矩形表示已命名的特定处理。该处理为在另外地方已得到详细说明的一个操作或一组操作，就像子例行程序、模块。矩形内可注明特定处理名或其简要功能。

④准备——六边形符号表示准备。它表示修改一条指令或一组指令以影响随后的活动。例如，设置开关、修改变址寄存器、初始化例行程序等。

⑤判断——菱形表示判断或开关。菱形内可注明判断的条件。它只有一个入口,但可以有若干个可供选择的出口,在对符号内定义等条件求值后,有一个且仅有一个出口被激活。求值结果可在表示出口路径的流线附近写出。

⑥循环界限——循环界限为去上角矩形表示上界限和去下角矩形的下界限构成，分别表示循环的开始和循环的结束。一对符号内应注明同一循环标识符，可通过检验终止循环条件在循环的开始还是在循环的末尾，将其条件分别在上界限符内注明(如:当 A > B)或在下界限符内注明(如:直到 C < D)。图 6 - 14 给出了当终止条件成立时进入循环和直到终止条件成立退出循环的两种不同的表示。

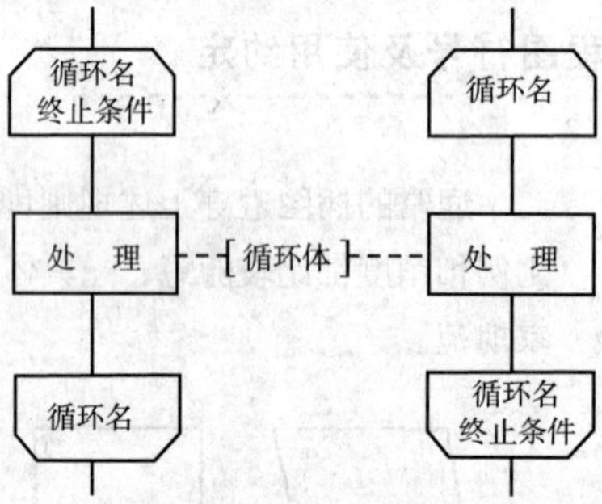

图 6 - 14　两种循环表示

⑦连接符——圆表示连接符，用以表明转向流程图的它处，或从流程图它处转入。它是流线的断点，在图内注明某一标识符，表明该流线将在具有相同标识符的另一连接符处继续下去。

⑧端点符——扁圆形表示转向外部环境或从外部环境转入的端点符。例如，程序流程的起始或结束；数据外部使用的起点或终点。

⑨注解符——注解符由纵边线和虚线构成，用以标识注解的内容。虚线须连接到被注解的符号或符号组合上。注解的正文应靠近纵边线，见图 6 - 15。

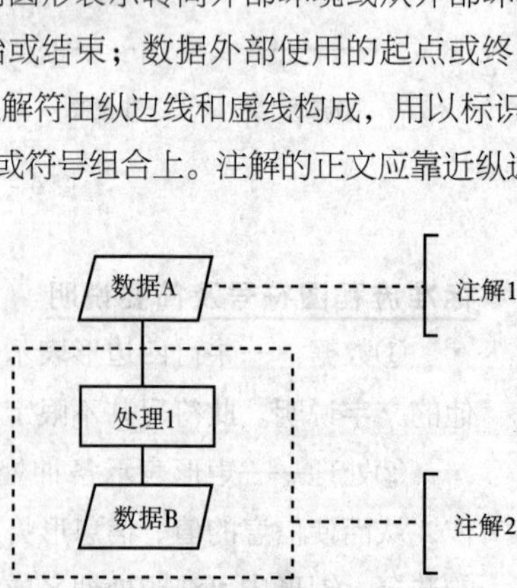

图 6 - 15　注解符的使用

⑩流线——直线表示控制流的流线。关于流线上表示流向的箭头，其使

用方法见后面的约定。

⑪虚线——虚线用于表明被注解的范围或连接被注解部分与注解正文，见图 6－14。

⑫省略符——若流程图中有些部分无须给出符号的具体形式和数量，则可使用三点构成的省略符。省略符应夹在流线符号之中或流线符号之间，如图6－16所示。

图 6－16　省略符的使用

⑬并行方式——一对平行线表示两个或两个以上的操作同步进行。并行方式的示例如图 6－17 所示，图中在 A 处理完成后才能处理 C、D 和 E；同样，处理 F 要等 B、C、D 全部完成以后进行。但处理 C 可以在处理 D 开始和（或）结束前开始和（或）结束。

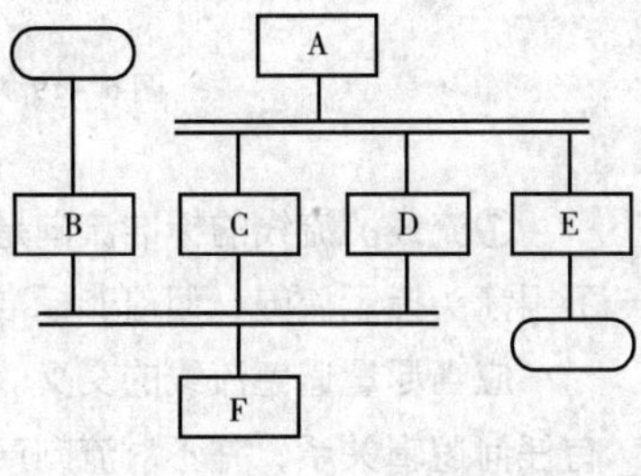

图 6－17　并行方式示例

流程图的排版要求

①合理布局，少用长线。

②符号和文字比例适中。流程图中多数符号内的空白是供标注说明性文字的。使用各种符号应注意符号的外形和各符号大小的统一，避免符号变形或各符号大小比例不一。

③符号内说明文字的排版遵循简明原则，常按从左向右和由上到下方式书写，与流向无关。如果说明文字较多，符号内写不完，可使用注解符。若注解符干扰或影响到图形的流程，可将正文写在另外一页上，并注明引用符号。

④符号标识符排版。给符号规定标识符是为了便于其他文件引用该符号。例如，程序清单中引用到流程图中的特定符号。符号标识符写在符号的左上角，如图 6－18a 所示。

⑤符号描述符。为便于进一步理解符号的功能，可标注符号描述符。通常描述符写在符号的右上角，如图 6－18b 所示。

⑥详细表示。在处理符号或数据符号中画一横线，表明该符号在同一文件集中的其他地方有更为详细的表示。横线在符号内靠近项端，详细表示的

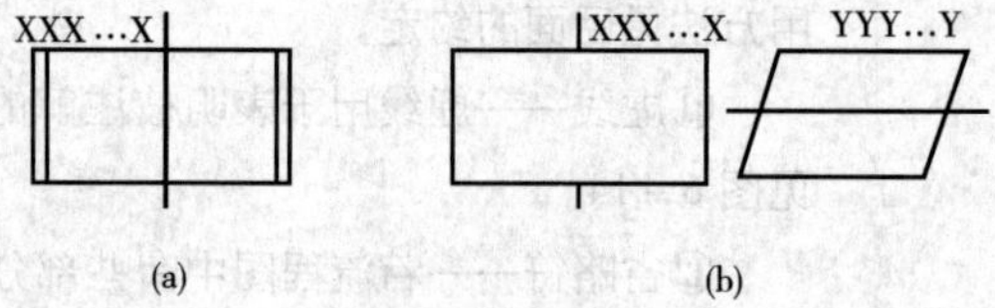

图 6－18　符号标识符和符号描述符

标识符写在符号内横线之上，如图 6－19a 所示。端点符可用作详细表示的开始符号和结束符号，在此符号中应给出加横线符号中的标识符，如图 6－19b所示。

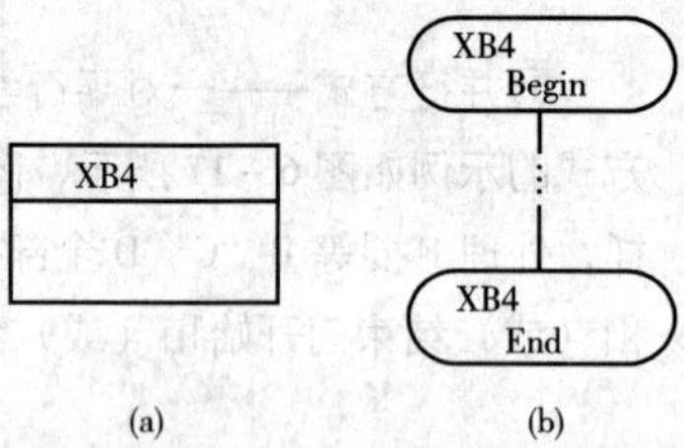

图 6－19　加横线符号及其详细表示

⑦流线。流线的标准流向是从左到右和从上到下。沿标准流向的流线可不用箭头指示流向，但沿非标准流向的流线应用箭头指示流向。

应当尽量避免流线的交叉。即使出现流线的交叉，交叉的流线之间也没有任何逻辑关系，并不对流向产生任何影响，如图 6－20a 所示。

两条或多条进入线可以汇集成一条输出线，此时各连接点应该互错以提高清晰度，并用箭头表示流向，如图 6－20b 所示。

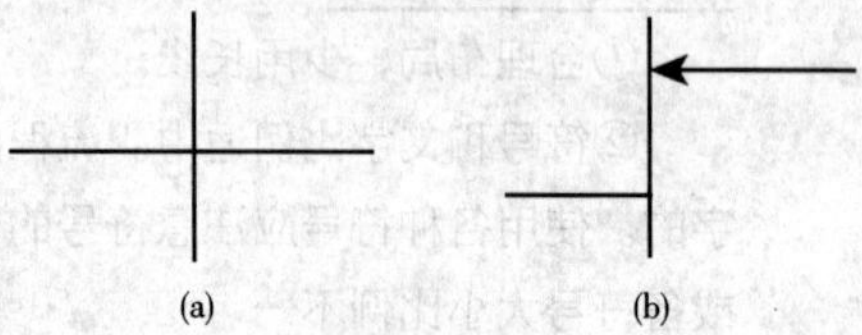

图 6－20　流线的交叉与流线的汇集

一般情况下，流线应从符号的左边或项端进入，并从右边或底端离开。其进出点均应对准符号的中心。

为避免出现流线交叉和使用长线，或使某个流程图能在另一页上延续，可用连接符将流线截断。截断始端的连接符称为出口连接符，载断末端的连接符称为入口连接符，两连接符中用同一标识符。

换页截断可用与连接符相连的注解符表示，如图 6－21 所示。

⑧多出口判断的表示方法。直接从判断符号引出多条流线，如图 6－22a 所示；从判断符号引出多条流线，再从这些流线中引出多条流线，如图 6－22b所示。

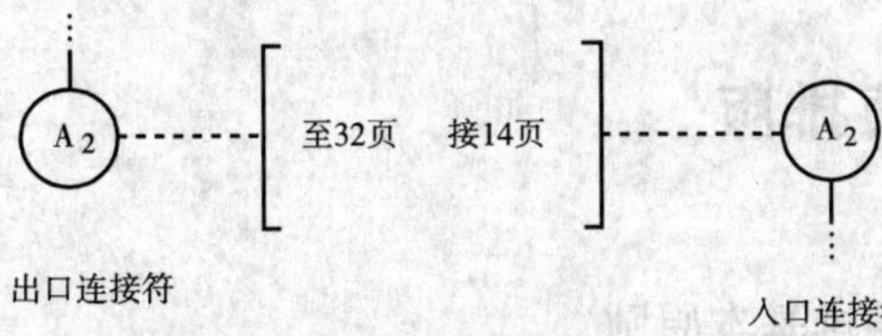

图 6－21　出口连接符与入口连接符

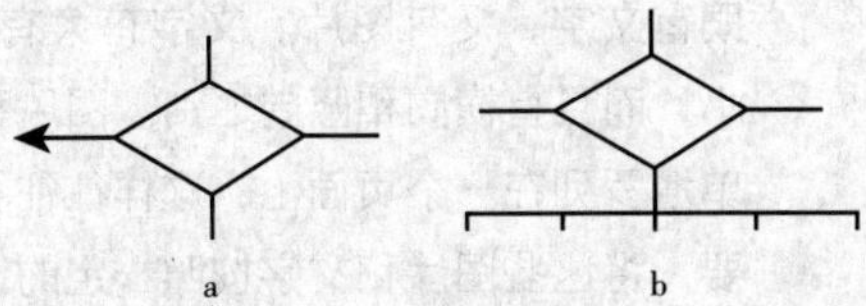

图 6－22　多出口判断

多出口判断的每个出口都应标有相应的条件值，用以反映它所引出的逻辑路径，如图 6－23 所示。

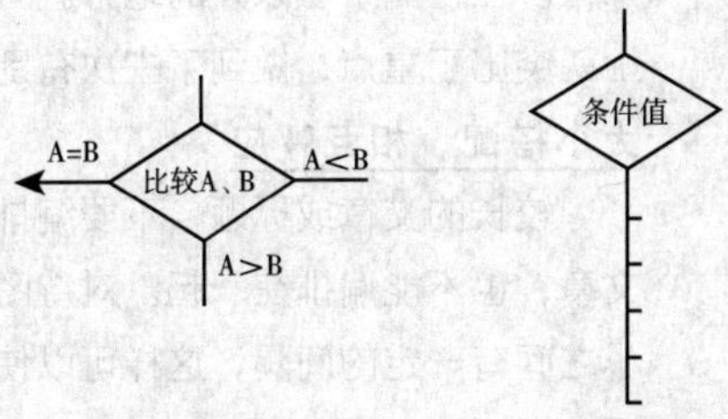

图 6－23　多出口判断出口处标出条件值

流程图排版范例

流程图的排版如图 6－24 所示。

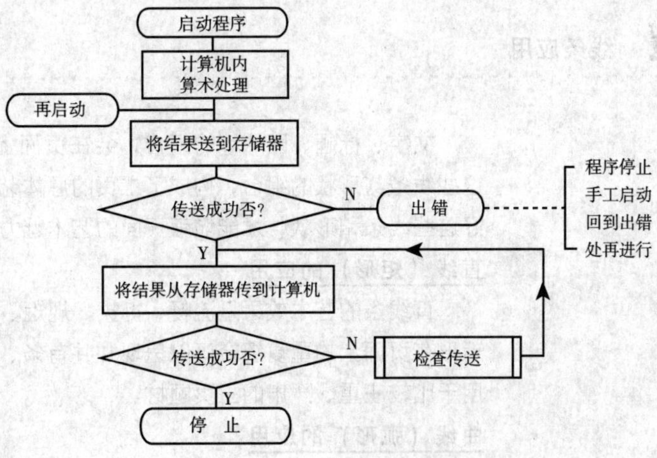

图 6－24　流程图的排版举例

6.5 网页排版

6.5.1 版面编排基本原则

主页的设计首先涉及到的是页面的版面编排问题。主页作为一种版面，既有文字，又有图片。文字有大有小，还有标题和正文之分；图片也有大小，而且有横向和竖向之别。图片和文字都需要同时展示给观众，总不能简单地罗列在一个页面上，这样往往会搞得杂乱无章。因此必须根据内容的需要，将这些图片和文字按照一定的次序进行合理的编排和布局，使它们组成一个有机的整体，展现给广大的观众。可以依据如下几条来做：

层次分明，中心突出

在一个页面上，必然要考虑视觉的中心，这个中心一般在屏幕的中央，或者在中间偏上的部位。因此，一些重要的文章和图片一般可以安排在这个部位。在视觉中心以外的地方就可以安排那些稍微次要的内容，这样在页面上就突出了重点，做到了主次有别。

大小搭配，相互呼应

较长的文章或标题，不要编排在一起，要有一定的距离，同样，较短的文章，也不能编排在一起。对待图片的安排也是这样，要互相错开，造成大小之间有一定的间隔，这样可以使页面错落有致，避免重心的偏离。

图文并茂，相得益彰

文字和图片具有一种相互补充的视觉关系。如果页面上文字太多，就显得沉闷，缺乏生气；页面上图片太多，缺少文字，就会减少页面的信息容量。因此，最理想的效果是文字与图片的密切配合，互为衬托，既能活跃页面，又使主页有丰富的内容。

6.5.2 线条应用

文字、标题、图片等的组合，会在页面上形成各种各样的线条和形状。这些线条与形状的组合，构成了主页的总体艺术效果。必须注意艺术地搭配好这些线条和形状，才能增强页面的艺术魅力。

直线（矩形）的应用

直线条的艺术效果是流畅、挺拔、规矩、整齐，所谓有轮有廓。直线和矩形在页面上的重复组合可以呈现井井有条、泾渭分明的视觉效果。一般应用于比较庄重、严肃的主页题材。

曲线（弧形）的应用

曲线流动、活跃，具有动感。曲线和弧形在页面上的重复组合可以呈现流畅、轻快，富有活力的视觉效果。一般应用于青春、活泼的主页题材。

曲、直线（矩形、弧形）的综合应用

把以上两种线条和形状结合起来运用，可以大大丰富主页的表现力，使页面呈现更加丰富多彩的艺术效果。这种形式的主页适应的范围更大，各种主题的主页都可以应用。但是，在页面的编排处理上，难度也会相应大一些，处理得不好会产生凌乱的效果。最简单的途径是，在一个页面上以一种线条（形状）为主，只在局部的范围内适当用一些其他线条（形状），如图 6－25 所示。

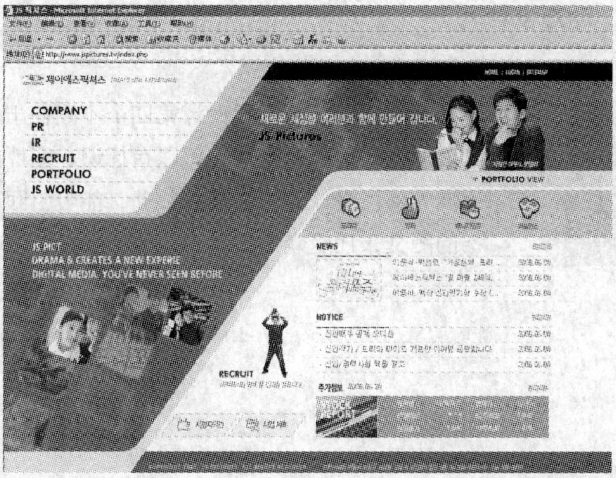

图 6－25　网页排版的曲、直线的综合应用

6.5.3　Logo 设计

网页设计与书刊设计的一个不同在于，网页一般需要设计一个独特的标记，即 Logo（标识）。Logo 是一种在出版印刷品上反映特定主体独特形象的符号。几乎所有的主页上都有 Logo，如图 6－26 所示。

图 6－26　网页中的 Logo 设计

6.5.4　广告设计

目前，所有的大型门户网站几乎都是免费进入，必须靠广告收入支持网站的运营，所以，广告设计就成为网页设计中另一个与书刊设计不同的地方，如图 6－27 所示。

图 6－27　网页中的广告设计

6.6.5 背景设计

网页设计与书刊设计第三个不同是层的叠加。传统设计是平面单层设计，而网页设计很多地方则需设计背景。

6.5.6 动态设计

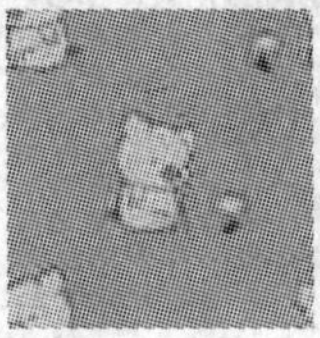

网页设计与书刊设计第四个不同在于动态的设计。在网页上，可以有视频插入，可以有配音，可以有标识、图片或文字的闪动或移动。动静相宜就成为网页设计的一大难点。动，能吸引眼球，而重要的内容则需要静止状态的图文来让受众慢慢体会。